濯尽浮尘

——每天傍晚的心灵清洗课

杨东红 编著

電子工業出版社
Publishing House of Electronics Industry
北京 · BEIJING

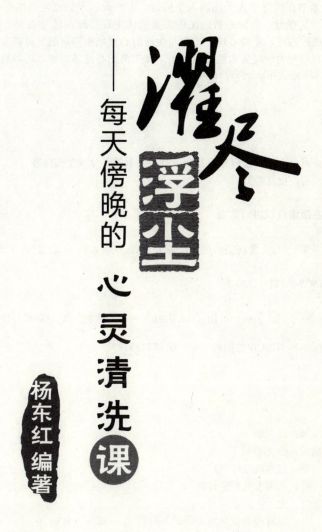

内容简介

本书探讨青年人关注的人生问题，及由此引发的思考与感悟，以使人们增长知识、开拓视野、启迪心智。文中主要关注生存心理、思考心理、交际心理、奋斗心理、成败心理、爱情心理、工作与生活的心理平衡等问题。每篇文章开头均配有与文中内容相关的一段隽永的心灵妙语，文末再配心灵感悟加以巧妙点拨，必能为读者解决一个个生活中的心理问题。

图书在版编目(CIP)数据

濯尽浮尘 : 每天傍晚的心灵清洗课 / 杨东红编著. -- 北京:电子工业出版社，2011.1

ISBN 978-7-121-12353-5

Ⅰ.①濯…　Ⅱ.①杨…　Ⅲ.①人生哲学－通俗读物　Ⅳ.①B821-49

中国版本图书馆CIP数据核字(2010)第228317号

责任编辑：张　昭
特约编辑：孙文明
印　　刷：北京机工印刷厂
装　　订：三河市胜利装订厂
出版发行：电子工业出版社
　　　　　北京市海淀区万寿路173信箱　　邮编　100036
开　　本：720×1000　1/16　印张：19.75　字数：300千字
印　　次：2011年1月第1次印刷
定　　价：32.00元

凡所购买电子工业出版社图书有缺损问题，请向购买书店调换。若书店售缺，请与本社发行部联系，联系及邮购电话：(010) 88254888。

质量投诉请发邮件至zlts@phei.com.cn，盗版侵权举报请发邮件至dbqq@phei.com.cn。

服务热线：(010) 88258888。

前言

每一天，上帝给了每个人公平的三个八小时。第一个八小时大家都在工作；第二个八小时大家都在睡觉；人与人的区别都是由第三个八小时决定的。

人们常说“一日之计在于晨”。事实上，从时间管理和心灵成长角度来说，一日之计应当在于每天的傍晚。无论你是学生，还是上班族，每天傍晚的茶余饭后都会有大段的空闲时间，千万别把它浪费掉，这里蕴含着足以改变你命运的奇迹。

世界著名的管理咨询公司盖洛普曾对1000多位多才多艺的社会名流的成功经历进行调查，得出了一个令人吃惊却又极其简单的结论：他们的辉煌不过源于每天比别人多用一个小时来做有意义的事。

渴望成长、渴望进步、渴望成功的你，不妨在每天的傍晚抽出一段时间，静坐于灯下，沏一杯香茶，翻开这本书，在书页中寻找一份安宁。

目 录

contents

第一章 黄昏菩提——荡涤你的浮尘心

每天多花一个小时来做别的事——成功总在八小时之外 / 002

今天你清洗心灵了吗——每天都要求进步 / 005

日本人的迟到时间——要的是一颗敬业心 / 010

生活中的慢性毒药——拒绝诱惑 / 013

首先抓住最近的梦——接受，然后才能改变 / 016

你是怎样对待第一份工作的——踏实者有福 / 019

你在演一个什么样的角色——不必抱怨自己的处境 / 022

岗位平凡，心态杰出——把你现在的角色做好 / 026

杰出与平庸是一种态度——可以平凡，不可以平庸 / 029

自信，什么都可能——面对不可能，做做再说 / 032

你身边永远有看不见的竞争者——警惕成功后的懈怠 / 036

第二章 点亮心灯——驱进思路上的雾霾

成功只需改变一点点 ——凡事多留个心眼 / 040

别让你新奇的念头溜走——重视你的想法 / 043

懒蚂蚁的智慧与茶杯上的学分——思考是行动的眼睛 / 050

怎样看清上司的心思——知己知彼，让职场生活更和谐 / 054

懂得转向才不会迷失方向——善有不同思维 / 059
一张经典照片的启示——想想别人不想的地方 / 063
咖啡里的成功味道——抓住智慧的道具 / 066
你真的弃旧换新了吗 ——摆脱扯后腿的常规 / 070
通过富人发现穷人的穷根——人生需要反思 / 074

第三章 左右逢“缘”——互送一颗快乐心

困难时，光靠朋友还不够——善待陌生人 / 078
记住，手上有你的态度——手是你的一张脸 / 082
读刘墉两篇佳作里的人情世故——与其抱怨别人，不如反省自己/ 087
允许别人的反对——别人的反调也是你进步的力量 / 093
总有人喜欢你，总有人不喜欢你——做人不要太绝对 / 096
从木雕到做人做事——凡事留有余地 / 101
挺起脊梁做人——欲自强者先得有自尊 / 107
你经常说“谢谢”吗——养成勤于道谢的习惯 / 111
最难忘的教诲——学会拒绝，学会说不 / 115
向艾森豪威尔学做人——少责备，多宽容 / 118
沉默未必是金——当说必说，而且要说好 / 121
得到贵人的秘诀——先去帮助别人 / 124

第四章 全力赴梦——忽视人生路上的旁枝杂草

玄奘，真正的“行者”——永远执著于心中的目标 / 128
成败间的距离亦远亦近——不要拖拉，要立刻 / 131
优秀，取决于方向与执行力——做好选择，做好执行 / 138

把老作家的精神放入我们的内存——成功不喜欢犹豫的人 / 141
藏在失败里的副产品——付出总有回报 / 145
每一次表演都力争完美——永远都要追求卓越 / 148
像胶水一样执著——坚持是成功的阶梯 / 151

第五章 逆境顺转——在风雨中播撒阳光

总有一次会成功——不要失败几次就害怕 / 156
发现失败背后的真实内容——正确对待成功经验与失败教训 / 159
你努力过了吗——真正的失败是不去拼搏 / 163
当不幸成为毕业后的一部分——用微笑埋葬痛苦和不幸 / 166
像太阳一样能落能升——遇挫千万别气馁 / 173
不顺是老天留给你调整心态的机会——拥有一颗乐观的心 / 177
做事未必得有个好的开头——坚持往往就会好转 / 180
给自己一个梦想的高度——做人生风景的设计师 / 184
勿因碰壁就让梦想溜走——再困难也要留住梦想 / 187
西西弗斯的新观念——再苦也要笑一笑 / 191

第六章 浇根润心——给生命一杯慰藉

生命不能承受之快——慢一点，生命会更美 / 194
生命得有张有弛——懂得给身心放个假 / 198
微笑的力量出神入化——让生命充满微笑 / 201
好好活着——热爱生命是献给上苍的最佳礼物 / 206
当苦难成为生命的必修课——坚强，战胜苦命的法宝 / 211

生命从明天开始——热爱生命，就会找到一个完美的自己 / 215
倾斜的翅膀依然能飞起来——面对不幸，更需振作精神 / 218
不要被身上的不足而蒙蔽——笑对身上的残缺 / 221

第七章 爱情牧师——相爱相处不再难

桂花里的爱情味道——不做迷茫的当局者 / 226
叶子的相亲哲学——真爱的考验，用鲜花来做陪衬 / 229
被沙子绊倒的人——羞怯不是爱情的表达方式 / 233
你是一个懂爱的人吗——明明白白你的爱 / 236
没有男人的房子不叫家——当他变心，请给你的爱一条出路 / 241
初恋是个冻结的账户——珍惜当下的感情 / 244
爱情不需要猜测——信任是爱情的基石 / 249
像荆棘鸟一样觉醒——给爱一点自由和空间 / 255

第八章 身心除埃——让健康的心自由飞翔

听从内心的声音——坚持自己的舞步 / 260
我赢了自己——跟自己比赛 / 264
砍掉你依赖他人的枝叶——靠自己去成功 / 267
不要把轻松的生活嫁给明天——明天不是生活的全部 / 271
从《蜗居》的一段台词说起——明白生活的意义 / 275
一个擦洗灵魂的故事——森林的力量相当惊人 / 279
母爱真的无私吗——及时孝爱你的父母 / 282

心灵的图腾——**抽点时间与大自然亲密接触 / 286**
自由的天堂——**不要为金笼而迷失了自我 / 289**
心轻上天堂——**简单，让心最轻 / 293**
感动大学者的一个小故事——**幸福就是这样环环相扣 / 298**

后 记 向天而飞

第一章

The first chapter

黄昏菩提

——荡涤你的浮尘心

每天多花一个小时来做别的事

——成功总在八小时之外

每个上班族每天都有三个八小时，
第一个八小时是工作，
第二个八小时是休息，
第三个八小时是业余时间。
业余时间可以造就一个人，
但也能毁掉一个人。
它既漫长，也短暂；
既枯燥，也有趣。
你要善于利用时间，
不要把“空闲”变成“空白”。
时间是最宝贵的资源，
改变人生命运的机会，
常常是在这八小时之外，
你应当学会管理时间。

世界著名的管理咨询公司盖洛普曾对1000多位多才多艺的社会名流的成功经历进行调查，得出了一个令人吃惊却又极其简单的结论：他们的辉煌不过源于每天比别人多用一个小时来做有意义的事。

第二次世界大战期间，美国的总统富兰克林•罗斯福的精力十分旺盛，许多人都认为他是休息得好，还有人认为他是食用了营养品。但盖洛普的调查结果却是：罗斯福每天都花一个小时的时间，把自己关在屋子里玩邮票。

世界织布业的巨头威尔福莱•康日理万机，他在中年以后却成为了一名出色的油画家，原因是他每天早起一个小时来画画，一直画到吃早饭为止。画画让他养成了早起的习惯，因此他的身体也特别的健康。十多年过后，他所创作的油画有几百幅被人以高价买走。好心的他把那些钱全都用做奖学金，奖给那些攻读绘画艺术的学生。

罗斯福和威尔福莱•康都是工作繁忙的人，但是由于他们舍得每天花一小时来调节自己，由此造就了令人瞩目的奇迹。

20世纪70年代末，一个日本的年轻人开了间小杂货店。按照当时人们的经营习惯，杂货店一般在晚上10点钟就都关门了。一天晚上，年轻人忙着清理货架准备关门的时候，店里忽然走进几个买东西的人，年轻人接待了他们。送走他们之后，年轻人又在店里多呆了一会儿，结果又有几位顾客上门。后来，这个年轻人改变了店铺的经营时间，每天营业到12点才关门。由于比其他杂货店营业延长一个小时，他的店铺因而成了附近人们深夜购物的首选地点。一年过后，他的小杂货店规模扩大，营业总额达到了2亿日元。他趁机发展，生意越做越大。到2002年的时候，他的公司总营业收入达到了48亿日元。这个成就大业的年轻人名叫安田隆夫，日本赫赫有名的商人。

安田隆夫的成功只因为他每天多营业了一小时。奇迹的产生并不困难，就看你每天有没有多花时间来努力工作。那多花的一小时，就是造就辉煌的关键。

一个人只要每天肯花一点时间来做有意义的事，不管那是否与工作有关，日积月累，他都能取得回报。时间不必太多，每天一小时，足够了。

·心得·

有个朋友曾对我说，他所从事的工作是个机械重复的过程，像钟摆一样简单。他说，平凡的生活让他在太阳升起和落下中数着度过的每一天。他感叹无数的日子从自己身边一天天溜走，而他依然重复着又一个白天和黑夜。在这样的重复中，他认定自己将一直平庸地生活下去。

对此，我给他讲了这个故事。他听后恍然大悟，原来可以这样生活！不需要你过分去追求，每天腾出一小时，做你想做的事，你就会有一个别样的人生！

其实，罗斯福和威尔福莱都是工作繁忙的人，由于他们肯舍得花一小时来调节自己，由此造就了令人瞩目的奇迹。

而有些人安于现状，每天在浑浑噩噩中虚度美好的人生岁月。要知道，不是每一名成功人士都会有一把通向成功之路的钥匙。坐在人生金字塔顶的人，也不一定是天才。人们眼中所谓的天才，他们也是在平凡中生活。平凡的生活描绘出了他们不平凡的人生。罗斯福和威尔福莱之所以成为名人，我想，就在于他们每天挤出了一小时。

如果你相信这个道理，你还想圆你心中久有的梦想，那就每天挤出一小时，做你想做的事。一天之中，少点儿心思化妆，少看一会儿电视，少逛一会儿街，少打一圈儿麻将，少玩一会儿游戏……要学会挤时间。时间是一个悄无声息的东西，在不经意间，就从你的身边溜走了，因此要学会在烦琐的日常生活中去挤，这样时间才会越挤越多。

一小时可以造就辉煌，每天挤出一小时，谁都能做到！

今天你清洗心灵了吗

——每天都要求进步

世人个个都要清洗，
外国人喜欢天天洗澡，
中国人喜欢天天洗脚。
只不过，
一般人的清洗，
是为了身体的清洁和舒适；
一般人的清洗，
是为了身体的保健和不生病。
然而，
有素养的人，
则喜欢清洗心灵；
有素养的人，
则注重内心的修炼。

成功学家指出：决定一个人命运与机遇的，不是所处的环境，而是内心所持的态度。

经过一天紧张、忙碌的工作之后，迎来了下班。每天下班，正是傍晚时分，不妨让心灵沐浴在黄昏里，让身体的疲惫得到缓解，让心灵变得轻松自在。

就在太阳落下的掌灯时分，你依然可以在柔和的灯光下，清洗自己的心灵，调整心态，让心灵获得成长，提升心灵对幸福的感知能力。

在宛如涓涓流水的交流中，洗去身上那载满整个城市的尘埃，让你在不知不觉间消退身心的疲惫与烦躁的心绪，体悟生活与生命的真谛，感悟心灵的成长与自身拥有的无价的财富。

每天你都可以这样清洗自己的心灵。

• 感悟先贤们的心灵洗澡课

《大学》说："汤之，《盘铭》曰：'苟日新，日日新，又日新。'"翻译过来，意思是：商朝的开国君主成汤在洗澡盆上刻下了警戒自己的人生箴言："如果能够一天新，就应保持天天新，新了还要更新。"据说商汤在洗澡的时候，外洗身，内洗心，就是说，他洗澡时外去身上污垢，内去内心的渣滓，所以他洗完澡身心都很舒畅。

成汤的言行引申出来，就是指精神上的洗礼，品德上的修炼。精神上、品德上的洗澡，就如《庄子•知北游》所说的"澡雪而精神"（以雪洗身能清净神志），《礼记•儒行》所说的"澡身而浴德"（用道德来洁身）。思想上的改造也如此，记得女作家杨绛把那本写"干校"生活的书起名为"洗澡"，大概就是这层含义吧。

"外洗身"，好理解。"内洗心"就是洗德，具体怎么洗？古人讲：吾日三省吾身。今天则有人这么说："内在优于外在，长远优于即时，习得优于天赋，内省优于灌输。"这是被称为"红色牧师"的华中科技大学公共管理学院教授陈海春的自励理念。我觉得，"内洗心"，就是我们在修炼自己时，应当向内去找，寻找和清除心灵的一尘一埃，不断放弃消极的心念、平庸的活法，才能不断升华到更高的层次和境界。

• 浮尘，让有成就的人也不快乐

分析当今人们的各种心理问题，我觉得主要有两类。一种是，他们的处境其实并不算糟，甚至在外人看来他们事业还比较成功，可他们并不感到幸福和快乐。

美国哈佛大学校长来北京大学访问时，讲了一段自己亲身经历的故事。

几年前，他感到自己的工作枯燥无味，实在难于干下去。于是他向学校请了180天假，单独一人到美国南部的乡村去体验生活，想借此缓解自己的烦恼。在那里，他把自己当成一名打工者，做过许多工作，在农场干过杂活，在饭店刷过盘子。最让他难忘的是，他在一家餐厅刷盘子，仅仅做了4个小时，就被辞退。饭店老板解释说："可怜的老先生，虽然你很努力，可是刷盘子太慢了，我不得不解雇你。"假期结束后，他重新回到哈佛，觉得以往的单调乏味竟然是多么的新鲜有趣，工作成了一种全新的享受。这三个月的乡村打工经历，让他真切地体验到另一种生活的不易，从而清除了在心中积攒许久的"尘埃"。

按常理说，做到哈佛大学校长的位子，应当是相当的成功了，应该对工作对生活都相当满意，实则不然。经过三个月的"所谓幸福生活"的洗礼，让他找到了工作的快乐和意义！央视著名节目主持人崔永元也有类似的地方，他患抑郁症的事和《实话实说》一样路人皆知。用一般人的观点，做到央视的主持人，那是多么的了不起，好多人踏破了N双皮鞋，连市里的电视台都进不去，他干吗还抑郁呢?

名人也有名人的烦恼。换成我们身边的很多人，本来有吃有住了，可心里并不满足，非得要更大更舒适的住房和汽车。难怪有人感叹，当今社会，有房子成了年轻人结婚的潜规则。有人甚至说出了"宁可在宝马车中哭泣，也不愿坐在自行车上笑"的雷人之语。现代社会生活比过去好多了，可人们的幸福感下降了。人心浮躁，贪心不足，笑口难开。

• 每天除尘，让卑者自信快乐

今天人们的心理问题，还有一类，是因为他们不自信。举个例子来说，如果你月收入3000元，你和一个月收入甚至还不到2000元的在一起，就会更有成就感、幸福感；但是你和一个月收入越过5000元，甚至上万元的人在一起，就会感到很露怯。再比如，刚毕业的学生就业时，面对严峻的就业形势，面对自己不是名校出身，面对新环境，总有无门可入的感觉，生活在他面前展开的是一幅灰蒙蒙的职场画卷：找工作的困难、工作后上司的苛刻、同事的冷漠、城市的竞争压力，工作像西西弗斯（Sisyphus，古希腊神话中的邪恶国王）的工作一样——每天都得把一块巨石推到山顶，日复一日，枯燥乏味……

有很多人就因为自己平凡而自卑，就因为几次失败而感叹：自己只不过是城市中的一滴水，落下去，掉进红尘，被浮躁蒸发成空气。

其实，做人不必如此，再普通的人，只要振作起来，只要每天都给自己清洗心灵，每天努力一点点，每天进步一点点，你就有希望，你就能成功，你就能幸福。

国学实践应用大师翟鸿燊教授曾告诉我们一个每天清洗心灵的方法。准备一些红豆和黑豆，如果你一有个灰色的心理、消极的想法，就抓黑豆，而一有个积极想法就奖赏自己一颗红豆。可能刚开始，你会发现自己有很多黑豆，红豆很少。不要担心，只要事实求是，坚持一段时间，你会发现全是红豆了，那时你就会看到自己的进步，感觉自己的工作和生活越来顺心，越来越满意。

人活的是心态。态度和行为，有时比能力还重要。因此，不要自卑，“笨鸟先飞早入林”、“早起的鸟儿有虫吃”、“天道酬勤”、“勤能补拙是良训，一分辛苦一分才”。

记得有人说：“有一种树脂，本来很卑微，时间看上了它，给了它一个非常动作，滴到了一只丑丑的苍蝇身上。几十万年以后，它改称琥珀，有了连城身价。”“有一颗种子，丑陋，细小，烈日晒了它几个月，洪水冲了它埋在阴沟里几个月，焦皮烂骨了，又被狂风刮进了悬崖石缝，只有一星尘埃体恤着它，但就这星点儿尘埃，它也未忘记发芽。接着，根须颤巍巍地抱牢了岩石，支撑着一个无畏的躯体，立在那里100年、200年。后来，它成了名松，有了名字，上了画册，成了著名风景。”

其实人不分贵贱，无论做什么工作，随着岁月尘霾的漂浮，心灵里自然会积满各种各样的灰尘，只有定期清洗自己的思想，清除心里的尘埃，才不至于使思想和心灵积满垃圾，才能更好地工作和生活，并享受其中的快乐和幸福。

·心得·

个人成长的经历就是心灵跋涉的历史，时间久了，难免蒙上些灰尘。

不过，这不要紧的，只要你懂得给自己清洗心灵。《渔父》里，有这样的话："渔父莞尔而笑，鼓枻而去，乃歌曰：'沧浪之水清兮，可以濯吾缨；沧浪之水浊兮，可以濯吾足。'"不过现在人们常说成"沧浪之水清兮，可以濯我衣；沧浪之水浊兮，可以濯我足"。文中的"沧浪之水"是比喻这个社会，水的清浊隐喻时代的变化。水清时濯衣，水浊时濯足，则是说人的行为应该与时俱进，随从事宜，不能偏执狭隘。

古人讲究天时地利，认为"时"是一种必然规律，谁也不能违背；时是不断变化的，这种变化就叫"运"。濯衣濯足表现的不仅是一种智慧，更是一种心境，一种不与低俗同流合污又能与世俗相容的旷达心境。

生活在今天的我们也应当如此，随着时运，感受岁月踏着我们的目光潇洒地走过我们的心扉，晚霞载着我们的心跳来到夕阳无限美好的黄昏。也许，生活的浮尘会蒙蔽了我们发现美的双眼，但我们及时用心灵的甘泉清洗，然后沿着长长的时光河堤，慢慢地回家，慢慢地体会"竹喧归浣女，莲动下渔舟"的美丽神韵，慢慢地享受着每天傍晚如洗衣而归的美好！

日本人的迟到时间

——要的是一颗敬业心

成功是每时每刻的努力。
一分耕耘一分积累（隐性收益），
但可能是零分收获（显性收益）；
三分耕耘三分积累，
但可能是零分收获；
五分耕耘五分积累，
但可能是零分收获；
七分耕耘七分积累，
但可能是零分收获；
九分耕耘九分积累，
仍可能是零分收获；
只有十分耕耘十分积累，
才会赢得十分的收获。
做事要养成百分百努力的习惯。

如果在九点上班的日本企业，下面的哪一种情况不算迟到？

A. 9：00　B. 9：00～9：05　C. 9：00～9：10　D. 8：59

在日本，大部分上班族都是非常敬业的。日本的石桥轮胎公司曾裁过这样一名员工，他竟以自杀来表明对公司的热爱。日本电视播放提神饮料的广告词是："企业战士诸君：阁下能奋战24小时吗？"并不是："能奋战8小时吗？"

上班时间从九点到六点，那么8点59分到公司，算不算迟到？对绝大多数中国人而言，九点到达，当然不算迟到，可对日本企业的员工，即使提前5分钟到达，已经算迟到了。这属于"敬业精神"的迟到。日本的企业，九点钟上班之前，当天的专业报纸已经阅读完了，当天要做的工作已大致安排妥当了，而相关的办公资料、文具等，早已备好。头脑是以最新的资讯来展开这一天的工作。试想，提前5分钟能做好这一切吗？

曾经有位教授对毕业生说："初进公司，前一年所领的薪水，绝大部分是托前辈打拼之福所累积的成果，要感谢前辈的积累，自己才得以有手上的这份工作机会，甚至还可领薪水。"在日本，越是笨小孩，或者菜鸟，越早到公司。通常早到1小时左右，都是正常的。毕竟自己什么都不懂，什么都不会，趁同事还没上班之前，抓住时间，多看一些相关资料，多练习机器操作，多复习一下昨天的工作……

近年来，常听人们说"毕业等于失业"，其实事情并不是这样。

如果真的想工作，应该事先好好研究进入的公司，而非漫无目的地四处任意投递简历，糊涂的求职者，甚至在接到面试的电话通知时，还想不起到底是哪一家公司？如此荒唐，找不到工作是自然的。经过事先的详细调查，认为找到自己真正想做的工作时，如果愿意开口："前三个月试用期间，不要薪水，我努力做，公司再看看，三个月后如果觉得可以，薪水随意。"如此拼命做三个月，每日早到晚走，用心工作，怎么会找不到工作？

早到晚退，全力以赴，上班时跟着做，下班后自己偷着做。如果自己真的是如此的优良员工，认真工作三个月，届时可能就不是"人求事"，而是"事求人"了。

日本明光商会创始人高木礼二社长说得好："全'命'以赴的话，不可能就会成为可能。"是的，全"命"以赴的话，自然就会有工作。

·心得·

拿破仑说："如果你是弱者，你仍是你最大的敌人；如果你是勇者，你就是你最好的朋友。"富兰克林•罗斯福夫人说："低人一等的感觉源自内心而非他人。"荣获诺贝尔文学奖的巴•辛格说："如果你总是说事情会变糟，那结果往往如你所言。"

因此，一个即使实力逊色一点的人，也千万别自卑，只要记住下面三点，你就能走上成功之路。

（1）每个人都有自己最强的一项。比如，有人会写，有人会算；在一些人看来是难题的，在他人眼中却简直容易到如同"小菜一碟"。总之，你一定要做最适合自己的事情，不要迎合别人的口味而去做一件不属于自己，但是又要付出很多时间，甚至一生代价的"难事"。

（2）经得起别人的打击。如果有一个考题，别人只需花15分钟，而你必须要用2个小时来完成时，别经不起别人的讥笑与打击。只要自己尽力而为，把事情做好了就是成功。

（3）别老跟自己身边的人竞争，如果你周围的人又高又大，跑得很快，而自己又小又矮，为什么一定要跟他们比呢？知道自己在哪里可以停止，这非常重要。

生活中的慢性毒药

——拒绝诱惑

成功是好习惯积累的结果，
失败只是没达到过去的期望。
成功是对坏习惯放弃，
失败也许是敦促你改变坏习惯的信号。
好习惯的形成与巩固，
来源于你每日生活体验的思考与反省。
你应当警戒以下不良行为：
夸大——这是一种欺骗，
逃避——这是一种虚伪，
轻易承诺——这是一种幼稚。

最近我认识了两个很成功的朋友，是一对年轻的夫妻，他们向我透露了一个天大的秘密——他们曾经很平凡，甚至说是平庸才对。让我来告诉你，他们的曾经和他们是怎样努力改变的。

大学才刚毕业，她和男友就幸运地找到了工作，只是工资有点低，每月只1000多元。那时，他们最大的幸福就是看电视。每天下班后便相拥着坐在租来的平房里看电视，从傍晚的新闻到晚上十点多结束的黄金剧场再到深夜的午夜剧场。每天持续五六个小时，他们斜靠在廉价的老式沙发上，随着荧屏的嬉笑哀乐，全身心体验荧屏上他人丰富多彩的人生。周末的时候就牵手去逛大卖场，拎回二三十元一件的衣服或其他促销的便宜东西，然后继续看电视。

有时在关掉电视后的那一刻他们也会顿觉空虚，眼见别人买房买车也会有一时的失落，遭遇权贵人士的冷眼也会一时感伤，可他们已经习惯了这样的生活。

他们“幸福”的业余生活持续了两年之久。那天晚上，正当他们深深沉醉于电视剧离奇曲折的情节时，那台17英寸N手老彩电，突然“嗤”地一声喘息，然后是一圈白光挣扎闪了几下便寿终正寝了。

屋里一下沉寂下来。她突然觉得虚飘飘空落落的。“好扫兴啊！”她叹了口气。

看不成电视，做点什么好呢？她无奈地捡起了一本旧杂志翻了起来，那天晚上，她读了两篇小说、两篇散文；男友则总结了他们两年来的存款——250元，一个不太吉利的数字。

“我们的生活确实够二百五的！”他们相视一笑，不约而同地打趣道。

第二天下班后，她读了莫泊桑的两个短篇和林清玄的三篇散文，写了一篇500字的读书笔记。男友看了两份报纸后对她说：“从这个月开始我们存一个人的工资到银行吧。”

第五天晚上，她写了一篇小小说投稿到晚报；男友去图书馆听了一个关于市场营销的讲座。

第六天他们去图书馆和书城，买了几本经济和文学方面的书。

第七天是周日，她在家看书、写稿；男友则在精读《世界上最伟大的推销员》。

……

两个月后，他们的存折上有了3000元，他们没去买电视，而是买了一辆电动自行车。

三个月后，她报考了英语补习班；男友找了一份做业务员的兼职工作。

半年后她在报纸上发表了10篇文章；男友跑成了第一笔业务，拿到了1600元的提成。

一年后，她发表了20多篇文章，跳槽到了一家杂志社做策划编辑，工资是原先的三倍；男友又跑成了8笔业务。

两年后，她做了杂志社的主编，有多家报刊约她写稿；男友成立了一家广告公司并开始良好运转。

今天上午，他们拿到了位于城中理想地带的新房钥匙；下午，她开始构思一个长篇小说，男友计划年底把公司的注册资金由10万元提升为100万元……

同样的时间，前两年没有用好，结果生活真的是“二百五”，后两年用好了，过上了自己想要的生活。摒弃生活中那看似美丽的慢性毒药，好好规划，他们能改变命运，我们也能。

·心得·

每个人都渴望过上幸福的生活，甚至许多人的头脑中还有美好的人生蓝图。

但生活中没完没了的电视节目、刺激过瘾的电脑游戏、输赢无常的麻将棋牌等太多的暂时诱惑，却一点点地侵蚀着我们的时间。

这一切看上去是如此享受的生活方式，却恰似慢性毒药，渗透麻痹我们的思想，让我们沉迷其中而乐不思蜀，让我们朝气蓬勃的生命一点点走向颓废。

但愿文中的这剂回春妙方，能让那些受慢性毒药危害的人醒悟过来，步入有意义的健康人生。

首先抓住最近的梦

——接受，然后才能改变

接受，然后才能改变
如果你不能接受当下的一切，
那说明你最近也就没有什么收获，
以后也将难成大事。
如果你能全身心地投入眼前的工作，
那你慢慢地就能看到变化，
明天终会赢得辉煌。
记住哲人的忠告：
将来的“大梦”和现在的“小梦”都重要，
而更重要的是你现在的心，
能否从抓住最近的梦开始。

一滴水的梦想如果是大海的话，那从抓住最近的一条小溪，开始你的步伐吧。如果只是躺在草地上做梦，那你只会被太阳无情地蒸发掉。

有这样一个故事。二百多年前，在美国一座偏远的小镇里有位富商，他有个将近20岁的儿子叫伯杰。

那是一个美妙的深秋之夜。伯杰正在家里欣赏窗外的月景，突然见窗外的有一个和他年龄相仿的青年，站了好久也没动一下。那青年身着一件破旧的外套，清瘦的身材显得很羸弱。

疑惑不解的伯杰不由走下楼去，问个究竟。青年满怀忧郁地对伯杰说：“我有一个梦想，就是能拥有这样一座宁静的公寓，黄昏月出时能够自由欣赏窗外的美景，那该多好啊。可是这个梦想对我来说简直太遥远了。”

伯杰说：“朋友，我想问你，离你最近的梦想是什么？”“我现在的最大梦想，就是能够躺在一张宽敞的床上舒服地睡上一觉。”伯杰拍了拍他的肩膀说：“朋友，现在我就能让你实现这个梦想。”说完，伯杰领着他走进了富丽堂皇的公寓，把他带到自己的房间，指着那张豪华舒适的软床说：“这是我的卧房，请睡在这儿吧，相信今晚你能过个神仙般的舒适生活。”

很快到了第二天早晨。让伯杰感到奇怪的是，床上的一切都整整齐齐，跟昨晚一样，显然没有人睡过。伯杰疑惑地走到花园里，见那个年青人正躺在花园的一条长椅上甜甜地睡着。

伯杰叫醒了他，吃惊地问：“你为什么睡在这里？”

青年笑了：“昨天晚上你已经给了我一个相当重要的人生教诲了，谢谢……”说完，青年深鞠一躬，就离开了。

从此，伯杰再也没在自家门前见过那个身穿破衣的青年。

很多年后的一天，伯杰忽然收到一封豪华的请柬，并附上一封短信说，自己就是当年那位睡在他家楼下的男士，现在邀请伯杰参加一个湖边度假村的落成庆典。

伯杰带着惊喜的心情前往，在那里他不仅领略了那高雅别致的建筑，也见到了众多社会名流。接着，他看到了即兴发言的庄园主。

“今天，我首先要感谢我人生路上第一个帮助我的贵人，他就是我的这位老朋友伯杰先生。”说完，他在众人的掌声中，健步走到伯杰面前，紧紧地拥抱他。此时，伯杰才恍然大悟，眼前这位名声显赫的钢材大亨特纳，原来就是当年那位穷困潦倒的青年。

酒席宴会上，特纳动情地对伯杰说："那天晚上，当你把我带进寝室的时候，我真不敢相信自己马上就能实现梦想。那一瞬间，我突然明白，那张床不属于我，这样得来的梦想毕竟是短暂的。我现在应该远离它，暂时远离这个最远最美的梦想，去抓住那个最近的梦，从实现它开始。"

·心得·

有我所爱，不如爱我所有。而且，不论是什么样的梦想，自己才是实现梦想的天使，通过自己的努力实现了才最有意义。

但怎样去实现呢？从抓住最近的梦开始吧。就像明天，总是从今天开始的，你未来的成就，也是从现在努力开始的。冰的溶化不是从太阳出来才开始的，而是在刚结冰之后就不知不觉地开始了。

你是怎样对待第一份工作的

——踏实者有福

今天不好好工作，
明天你就得找工作。
面对第一份工作，
你需要的是稳。
踏踏实实、认认真真地多付出一点，
这会让你得到惊喜的“第一桶金”。
面对第一份工作，
你不能总是“漂”。
一旦养成“漂”的习惯，
这会让你得到不想要的结果。

21世纪的年轻人，随时都有可能面临跳槽的诱惑与选择，但是，是否真的每个人都能如愿以偿呢？除了选择跳槽外，个人价值提升的方法和途径是多样化的。不能排除个人发展有多种方式，但是如果你没有“门道”，或者一心追求稳定的话，按敬业、合作、进取的理念做好每件事情是最佳策略。企业有自己的市场竞争目标和业务发展目标，只要员工的努力有利于公司目标的实现，自己的价值就能得到体现。一个年轻人只要对所做事业还很热爱，只要梦想还藏在心间，就不要迷失在“围城”中。

想起一个故事。2007年大学毕业后，艾丽去了一家广告公司搞文案。还没等到上班，一个在政府机关上班的要好的学长就神秘兮兮地给艾丽上了一课：在社会上要小心做事、明哲保身。无论如何，第一份工作是来之不易的，自然倍加珍惜。在学校时，艾丽就是出了名的懒，上班后却大变样：

7点准时起床，提前半个小时到公司，扫地、拖地板，给前辈们倒烟灰缸、抹桌子、泡茶、摆好当天的报纸。

艾丽这个人很聪明，熟悉设计软件，还喜欢出些怪点子。每次除将广告文字早早写好外，还自己设计几个稿子，有针对性地拿些策划方案。这样一来，几个人的事，她一人做了，同事们玩玩电脑游戏、看看报纸、闲聊胡侃之后下班了，留下来加班的自然还是艾丽。到了月底，前辈们工资、奖金一分不少，她试用期工资一分不多。

好不容易度过了三个月的试用期，在全体大会上，老总一番热情洋溢的表场之后，艾丽成了正式员工。前辈们也不像以前那样对她指手画脚了。

还不到两年，公司里有老员工走，也有新员工来，由于艾丽业绩不错，她被提升，做了总监。她终于明白了，懂得付出和拥有耐心，才能做好一份工作。

对大学生来说，应当尽快从“学校人”转变为“社会人”。对待第一份工作的态度，在很大程度上决定着一个人是否能尽快地融入工作中。

·心得·

人人都怕入错行，人人都想找到好工作。

第一份工作重在选择发展空间大的，包括企业、个人的发展。

第一份工作，不管它是否令你满意，总归有你能获益的地方，它甚至是你未来成功的基石。

第一份工作更多的是一个学习、积累的过程。这个过程也是每个人的“第一桶金”。

面对第一份工作，年轻人还存在依赖性、思考上缺乏独立性、人际关系和沟通方式不顺畅以及对压力的承受能力不强等问题。

面对第一份工作，不要好高骛远，而要脚踏实地、认真负责、乐于付出去干好自己的工作。

面对第一份工作，你需要的积累包括工作习惯、工作态度、思维方式和其他社会资源等。

你在演一个什么样的角色

——不必抱怨自己的处境

不要好高骛远，
其实做好身边的事最重要；
不要这山望着那山高，
其实风景这边独好；
不要抱怨生活不公，
其实成功讲究差异化；
想开了，
一花一叶一世界，
一沙一土一天国。
做对了，
丑小鸭也能变成白天鹅，
小蚂蚁也能绊倒大象。

很多人都喜欢看央视的“星光大道”，主持人毕福剑的幽默，让我想到了他人生的转折点。正是他的睿智，他的乐观，才让他在成功的道路上走得更远。

20世纪80年代初的一天，毕福剑在街头看到北京广播学院导演系招生的广告，便报了名。

面试前，毕福剑对该学院以往的招生进行了研究，认定面试必考小品，便在小品的单人、双人表演方面狠下了一番功夫。由于报考的人太多，考官决定每6人为一组进行小品表演，一来这样面试的速度会快些；二来方法新颖，更能考查考生的真实水平。

考官给毕福剑6人小组的小品题目是《公共汽车站》，要求在5分钟之内设计构思，3分钟表演完毕。6人中一个小伙子挺身而出，主动组织牵头落实了剧情，并给其他人分配角色：你演司机，他演售票员，张三演逃票者，李四演劝架者。不知是有意还是无意，小头目偏偏没有给毕福剑分配角色，也许是怕毕福剑的实力：毕福剑人高马大，仪表堂堂。便有意这样做了。

这个小品的场面很热闹：车到站，一逃票青年要下车，售票员死死拉住他并告知司机不要开车门，以防逃票者逃跑。逃票者竭力辩解，说自己买了票而售票员没撕票给他。售票员得理不让人，说你是狡辩，明明没买票，硬说买了票。双方僵持不下。劝架者说“不就是一毛钱吗，年纪轻轻的不嫌丢人”……毕福剑只是在一旁看热闹，好像什么也没演。

3分钟的表演时间转眼即逝，考官带着疑惑询问毕福剑：“你在小品中演什么角色？”毕福剑回答说：“我演的是观众。有司机、有售票员、有逃票的，没观众可不行。”回过神来的考官毫不犹豫地给了毕福剑全场最高分，说毕福剑演的这个观众不落俗套、很有特色；与其他选手争演主角相比，他更大气……就这样，毕福剑从近千名报考者中脱颖而出，顺利地成了北京广播学院的学生。

一场自私的竞争，毕福剑受到了不公的待遇，落到一个尴尬的局面。但聪明的他在那个小伙子抢先做了“主角”并利用手中的权力不给他角色的情况下，不抢不闹，用敏锐的观察发现了任何时候都不可或缺的“观众”这个角色，并竭尽全力地把它演好、演活。

正是心细、敏锐、自信、乐观、豁达的做人品质，给了毕福剑起死回生的机会，并最终得到了考官的首肯。

毕福剑的成功告诉我们：在求职应聘的路上，如果您一时做不了主角、配角，甚至无角可演，那就自己给自己一个角色，生活的角色是很多的——做一名群众演员、做一名观众，演好他们同样能够为你的职场生涯添彩加分。

类似的故事还真不少，美国人安•古德里斯写过一篇《角色》的文章：

我妹妹的学校准备排练一部叫《圣诞前夜》的话剧。她非常想参加演出，便积极地报了名。决定角色那天，妹妹回家后，脸色凝重，嘴唇紧闭。

“难道是没被选上吗？”我们很谨慎地问。

“不是。”她扔给我们两个字。

“那你为什么不高兴呢？”我壮着胆子问。

“因为我的角色！”她重重地甩出这句话。

原来，《圣诞前夜》只有4个人物——父母、母亲、女儿和儿子，剧组让她演狗。

妹妹演“人类最忠实的朋友”，全家人一时不知所措，是该恭喜还是该安慰。

晚饭后，父母和妹妹谈了很长时间，但我不知他们谈话的内容，只知妹妹没有退出，而且还买了一副护膝积极参加每次的排练。我很纳闷，“一只狗”，有什么可排练的？

演出那天，我去了。见有不少熟人的朋友，我为妹妹的角色感到很没面子，不由往椅子里缩了缩身体。

好在演出开始时，灯光转暗。先出场的是“父亲”，他召集全家讨论圣诞节的意义。接下来是“母亲”“女儿”和“儿子”。“母亲”面对观众坐着，两个孩子分别坐在“父亲”的两侧。

在一家人的讨论声中，妹妹穿着一套黄橙橙、毛茸茸的狗道具，蹦蹦跳跳，摇头摆尾，而且是手脚并用地爬（跑）进客厅。先是在地毯上伸个懒腰，接着才在壁炉前安顿下来，开始呼呼大睡。一连串的动作，演得惟妙惟肖，把观众逗乐了。

然后，“父亲”开始讲故事。刚说到“圣诞前夜，万籁寂静，就连老鼠……”，“小狗”突然从梦中惊醒，机警地打量四周，好像是说：“老鼠？老鼠在哪？”神情跟真的小狗一模一样。

按说，“小狗”的位置靠后，观众的注意力是在主角们上。可妹妹的精彩表演，吸引了很多人的眼睛，同时还赢得一阵阵掌声。我想妹妹一定是下了一番功夫的。

过了一阵，只见“父亲”说：“突然，有一个轻微的声音在屋顶响起……”双眼刚合上不久的“小狗”又一次惊醒，仿佛觉察出异样，抬头看着屋顶，喉咙里发出呜呜的低吼。真是太逼真了。观众们再次热烈地鼓起了掌。

那天晚上，妹妹的角色没有一句台词，结果却成了最佳演员。戏罢，我疑惑地问妹妹原因，她说是爸爸的一句话让她改变态度的——“如果你用演主角的态度去演一只狗，狗也会成为主角。”

上苍赋予我们不同的角色，与其怨天尤人，责怪我们只是一名微不足道的小配角，不如选择积极的态度，以演主角的万丈热情去演绎人生。

·心得·

生活中，很多人都只想演“名角”， 以为这样才能让自己脱颖而出。其实，像毕福剑一样，有不少人都是从很普通的角色崭露头角的。

陈冲也是从演一个不起眼的角色起家的。

她15岁那年，电影《井冈山》开拍，导演正为物色一位小姑娘来演一个角色而发愁。这个角色在影片中只有一个镜头，一句台词，就是满含热泪地报告：“罗叔叔，井冈山丢了。”人们认为角色太不起眼了，因此没有人愿意演。可当导演找到陈冲时，她毫不犹豫地答应了，而且为了这个短短的镜头，为了那一句台词，竟在台上台下练了上千遍。

当导演见到影片中她的那个短镜头，听到那句台词时，深深地被打动了，陈冲因此被推荐到上海电影学院学习。

光阴似箭，昔日的丑小鸭已成了光彩照人的白天鹅。她从扮演一个微不足道的角色开始，一步步迈进了艺术殿堂，成为第一个进军好莱坞的中国电影演员。

因此，不要抱怨生活不公，如果上帝要让你演一个小配角，甚至是“没有角色”的观众，你也应当认真对待，努力把自己的智慧发挥出来。这样，你同样能赢得成功的青睐。

岗位平凡，心态杰出

——把你现在的角色做好

如果你做不了太阳，
那就做一颗星星，
但要尽量使自己明亮。
如果你不能成为一棵大树，
那就当一棵小树，
但要努力使自己茁壮。
如果你不能是一只麝香鹿，
那就当一尾小鲈鱼，
但要当湖里最活泼的小鲈鱼。
我们不能全是船长，
必须有人当水手。
问题不在于你干什么，
而在于能够做一个最好的你。

在任何一个行业和领域里，每个人的奋斗目标都可以是杰出的和优秀的。

弗雷德是美国邮政的一名普通邮差，然而他实现了从平凡到杰出的跨越。他的事迹改变了两亿美国人的观念。

一天，职业演说家桑布恩迁至新居，邮差弗雷德前来拜访："上午好，先生！我的名字叫弗雷德，是这里的邮差，我顺道来看看，向您表示欢迎，同时也希望对您有所了解，比如您的职业。"

当得知桑布恩是职业演说家时，弗雷德问："那么你肯定要经常出差旅行了？"

"是的，确实如此，我一年有200来天出门在外。"

弗雷德点点头继续说："既然如此，最好你能给我一份你的日程表，你不在家的时候我可以把你的信件暂时代为保管，打包放好，等你回来时再送来。"

这简直太让人吃惊了！不过演说家说："把信放在门前邮箱里就行了，我回来时取也一样的。"

邮差解释说："桑布恩先生，窃贼经常会窥探住户的邮箱，如果发现是满的，就表明主人不在家，那你可能就要身受其害了。"

演说家想："弗雷德比我还关心我的邮箱呢，不过，毕竟在这方面，他才是专家。"

弗雷德继续说："不如这样好了，只要邮箱的盖子还能盖上，我就把信放到里面，别人不会看出你不在家。塞不进去的邮件，我搁在房门和屏栅门之间，从外面看不见。如果那里也放满了我就把信留着，等你回来。"

两周后，演说家出差回来，发现擦鞋垫跑到门廓一角了，下面还遮着什么东西。原来，美国联合递送公司把他的一个包裹送错了地方，弗雷德把它捡回来，送回原处，还留了张纸条。

演说家被弗雷德的行为震动了。他四处演说，使成千上万的人得到了一个启示：如果人们能像弗雷德一样赋予邮差以如此多的新意，那么每个人在工作中，难道不能更为奋发，有更多创新吗？

·心得·

邮差弗雷德能以如此卓越的创新精神和责任心来完成把信放入邮箱这样一份简单枯燥的工作，那么我们为什么不可以调整工作态度，重新焕发青春，使自己生机勃勃呢？应该相信，无论你从事什么工作，在何种行业，也不论你住在何处，每天早晨醒来，你都是一个全新的人。你可按照自己的选择，来塑造自己的工作和生活。你可以接近自己的“本性”，活得更精彩。

此外，也要记住，成功的多元化告诉我们，人活着不一定非要当什么“家”，也不一定非要出什么“名”；最好的你，既不是你物质财富的多少，也不是你身份的贵贱，关键是看你是否拥有实现自己理想的强烈愿望，看你身上的潜力能否充分地发挥。人们熟知的一些英雄模范人物，就是在最平凡的岗位上，充分发挥人的创造机能，做好自己身边的每一件事，创造了最好的自己。

世界上有许多事等待我们去做，有大事，有小事，但最重要的是我们身旁的事。世上有许多事等待我们去做，有大事，也有小事，但只要对我们有益，我们就要努力去做。

杰出与平庸是一种态度

——可以平凡，不可以平庸

承受不了平凡，

反陷入了平庸；

渴望一夜成名，

最终名落孙山；

时刻热情工作，

最终功成名就。

海尔老总张瑞敏说：

“把每一件简单的事做好就是不简单，

把每一件平凡的事做好就是不平凡。”

著名演讲家周士渊说：

“寓伟大于平凡，

寓成功于习惯。”

《丑小鸭》有这样一个版本。

主人当初误会了丑小鸭，后来发现它长得并不像鸡和鸭，而是像一只小天鹅。主人非常热爱天鹅，他想，天鹅善飞，但不训练，它就会跟一只鸭子一样，永远也飞不上蓝天。

一天，主人拿着它来到一块草地上，对它说：“你根本就不是丑小鸭，你是美丽的天鹅啊，你是属于蓝天的，你去飞吧！”

一丢，小天鹅像鸭子一样，扑腾几下，便落到地上。拾起来一丢，又落了下来；再丢，再落下来。总之，它就是飞不起来。

第二天，这个人把它带到一个悬崖峭壁上，对手中的小天鹅说：“天鹅啊天鹅，你必须清楚地知道，你不是丑小鸭，你是搏击长空的天鹅，蓝天才真正属于你，现在我把你从送此处往下丢，可能会让你丧命，因此，在摔下去的时候，你一定要飞起来！”说完，就用力一丢。谁也不会想到，就在它急速下坠，生命欲将结束时，小天鹅竟张开双翅，飞了起来。

丑小鸭的成功或许是逼出来的，或者说是在恶劣的环境下，它产生了飞的意愿，并付诸行动而成功的。

丑小鸭的故事说明，一个人到底是要杰出还是平庸，其实是一种态度。平凡与平庸的差别也就在心情和态度。因为，平凡的是工作岗位，平庸的是工作态度。一个人的工作态度折射着人生态度，而人生态度决定一个人一生的成就。实际上，我们每个人的工作，就是自己生命的投影。人这一生的工作态度决定了你是杰出还是平庸。态度的改变，就是你人生的转折点。

我上大学时班里有一个女生，起先跟大家的关系很一般，可后来她竟然成了一个深受大家喜欢的人。事情说起来很偶然，有一天她换了个发型，大家都说她大变样，成了一只美丽的白天鹅，她由此有了自信，敢于表现自我，变得开朗、活泼起来，从而在人际关系上赢得了成功。

也许，一个人只要在某一点上养成一个长处了，那么这个长处就会改变别人对他的评价，也会改变他自己的价值取向，使他不甘于再做个平常或平庸的人。这么一个长处会成为他走向杰出的台阶。

还有这样有一个学生朋友，从小就爱弹钢琴，而且琴得也相当好，在中学和大学都得到过许多奖。后来工作了，尽管他从事的不是文艺工作，但他还是把弹琴当成最大的业余爱好。事情的转变其实很简单，就是一次提干时，有一个能力比他差得多的人被提拔，成了他的领导，他便觉得官场黑暗，甚至还由此认为人在社会上混靠的是关系和背景，单凭个人努力是没用的。从此他怨天尤人，牢骚满腹，再也无心弹琴。就这样，他走向了平庸。社会上就有不少这样的人，本来能力不错，就是因为忽然有一天发现社会不公，而放弃了自己多年执著的事情，甚至还沉沦下去。

其实，这个社会不公正的事总是会存在的，那些杰出的人之所以能够走向最后的成功，不是他们没遇到过不公正的事，而是那些不公正的事没有使他们放弃自己的追求。

当然，某个人转变的具体原因也不完全一样，有的是毅力不够，有的是怕吃苦，有的是受不了一点挫折。但无论如何，他们后来的平庸都是因为态度，从积极变成了消极。

因此，随时随地地调整好自己的心态，热爱自己已从事的和将要从事的每一项工作，脚踏实地地劳动，勤勤恳恳地努力，最大限度地实现自己的人生价值，我们的人生不会虚度，不留遗憾。

平凡与平庸仅一步之差。面对平凡工作，一般人们会有两种不同的态度：应付或者是出色完成。如果我们选择了应付，久而久之就一定会流于平庸；如果我们努力把每一件平凡工作都做好，那么即使我们不会轰轰烈烈、光彩夺目，我们也会像田径赛场上虽然落后但决不放弃的竞争者那样赢得人们的尊敬。

·心得·

是的，很多杰出人士的成功起点，也只是在某一点上。一个好的开始，让他们有了做人的自信，有了好好做人必定受人尊重的信念。正是这种信念成为了他们成功的基石。

失败则恰恰相反。无论是谁，因为某个不应当成为原因的原因，放弃对理想的追求，从而过上了平庸的生活。

总之，一个人无论杰出还是平庸，都是因为态度。从平凡到成功，实际上就是有了进取向上的人生态度；而成为一个平庸的人，实际上就是改变了自己积极向上的人生态度。

自信，什么都可能

——面对不可能，做做再说

面对这两年的金融危机，
温家宝总理特别强调“自信”。
面对人生的奋斗舞台，
我要特别强调的也是“自信”。
自信才能自强，
自强才有力量。
软弱的人经不起一点风浪的打击，
结果人生处处失意。
只有坚强自信的人，
才能直挂云帆济沧海。

越是一般人认为不可能的事情，其实越有可能做到。曾经见过这样的试题：

1+1=0　1+1>2　1+1=1

对此，许多人都表示认同。不久前，又看到这样的测试题：

1+1=1　2+1=1　3+4=1　4+6=1　5+7=1　6+18=1

我觉得真不可思议，并把这几道题给朋友们测了一下，他们都说：这不可能吧。其实，只要给这些数字加上适当的单位名称，它们就能成立。

1（市斤）+1（市斤）=1（公斤）

2（月）+1（月）=1（季度）

3（天）+4（天）=1（周）

4（厘米）+6（厘米）=1（分米）

5（月）+7（月）=1（年）

6（小时）+18（小时）=1（天）

这下，你会觉得这简直是在玩数字游戏，并没什么。问题是，面对生活中许多看似不可能的事，绝不要轻易说不可能。一般人认为不可能的事，做起来可能越顺利。

也许，哥伦布是第一位发现这一道理的人。他从小就认为地球是一个球体，并立下了探索地球真面目的理想。1484年，哥伦布到葡萄牙去游说："我从这儿向西也能到达东方，只要你们拿出钱来资助我。"

然而葡萄牙国王并没答应他。哥伦布又向西班牙国王游说，依然没能成功。两次失败，哥伦布并未灰心，他总是锲而不舍地寻找、游说有可能支持他的人，结果依然是碰壁。经过长时间的奔波、呼吁，哥伦布耗费了仅有的一点儿积蓄，朋友们将他当成疯子……是的，当时没有一个人阻止他，也没有人相信他，因为那时的人认为，到达富庶的东方是绝对不可能的，从西班牙向西航行，不出500海里，就会掉进无尽的深渊。

在这种情况下，哥伦布就靠给别人画各种图表为生，同时不屈不挠地为理想而时刻准备着。终于，机会来了。西班牙王后在哥伦布的一个朋友的劝说下，决定付一笔钱给哥伦布去冒险。因为她想：如果哥伦布发现了新大陆，那会给她带来巨大的声誉；如果哥伦布失败了，她只不过是失去了一小笔钱而已。

尽管在出海途中遇到了一些挫折，但由于他沉着、勇敢，感染了跟随他的水手们，大家齐心协力与风浪搏击，没用多久就迎来了曙光——他们在美洲大陆插上了西班牙的的国旗。

然而，在他第一次航行成功，第二次又要去的时候，不仅遇到了空前的阻力，而且还有人在大西洋上拦截，并企图暗杀他。原因很简单，沿这条航线绝对能够到达富庶的东方，如果他再去一回，那儿的黄金、玛瑙、翡翠、玉石、皮毛、香料，就会让他富甲天下。

越是人们认为不可能的，做起来可能越顺利。这一道理，在哥伦布死后就被人遗忘了，直到500年后，在华尔街上，才被一位美国人发现。这人就是巴菲特。

1973年，全世界所有人都认为曼图阿农场的股票不可能复苏，有的甚至预言称，曼图阿不出3个月就会宣告破产。

可是，巴菲特不以为然，他认为，越是在人们对某一股票失去信心的时候，这只股票越可能是一处大金矿。

果然，在他以15美分的价格买入10000手之后，不到5年的时间，他就赚了4700万美元。时至今日，他早已是紧排在比尔•盖茨之后的世界“亚富”了，难怪世人赞誉他为“股神”。

哥伦布所发现的那个道理，前不久又被一个法国小男孩发现。这个小男孩7岁时创办了一个专门提供玩具信息的网站，当时没有一个人把他放在眼里，没有一家同类的公司与之为敌，也没有哪家行业工会来找他签订行业的约束条款。他们认为，那个网站只是一个孩子的游戏，不可能会有什么作为。但结果大大出乎众人的意料，这位小男孩不仅把网站做大了，而且在他10岁时，就通过广告收入，成了法国最年轻的富人。

越是一般人认为不可能的事，就越有可能做到。其实，这话并不难理解。第一，众人都认为不可能，自然就不会去关注，不会去设防，不会去攻击。第二，不可能实现的事，一般都没有竞争对手，第一个去做的人正好可以独自乘虚而入。第三，一般人认为不可能的事，必然是非常困难，甚至是难以想象的。因为太难，所以畏难；因为畏难，所以无人问津。不但自己不去，甚至认为别人也不会问津。结果第一个勇敢者就吃到肉鲜味美的大螃蟹。可以说，世界上真正的大业，都是在别人认为不可能的情况下完成的。在人类一步步从过去走向未来的过程中，不可能的事，一件还没有发现。过去的人都认为“水不可能倒流”，我们知道，那是因为他们还没有找到发明抽水机的方法；过去的人都认为“太阳不可能从西边出来”，我们知道，那是因为他们没有找到进一步了解的星球的方法。成功不是不可能，只是你暂时没找到方法而已。

·心得·

有人说：在生命的河流上掌舵，左右自己的不是涌浪叠涛，而是心头矢志不变的罗盘——自信。

在人生的大海航行，只有带上自信，满怀希望，才能扬帆破浪，从暗夜奔向黎明，从险滩恶水驶向碧水蓝天。

历史上自信的人相当多。哥伦布自信地球是圆的，终于发现了他生命中的“新大陆”；但丁自信地“走自己的路，让别人去说吧”，终于成了文艺复兴的杰出人物……

哦，自信。让我们握紧先贤们的接力棒，身披一袭灿烂，心系一份执著，带着自信上路，用实力踏平坎坷，走向光明！

你身边永远有看不见的竞争者

——警惕成功后的懈怠

当今社会处处都充满竞争，
这种竞争赛过战场上有形的斗争，
有太多的人都想做第一。
你要时时告诫自己：
在没有成功之前选择沉默，
在小成就面前选择低调，
在沉默中保持清醒的头脑，
在低调中坚持不懈地努力。
志当存高远，追求无止境。
你要一懈怠、一骄傲，
你就会知道生活的残酷。
美国著名的棒球手佩奇说：
“永远不要回头看，
因为在你看时，
有些人可能会超过你。”

美国著名指挥家、作曲家沃尔特•达姆罗施二十几岁时就已经当上了乐队指挥。指挥是全乐队的灵魂，年纪轻轻就担任这么重要的职位，达姆罗施却没有忘乎所以。

“刚当上指挥的时候，我也有些头脑发热，自以为才华盖世，没人取代。

“有一天排练，我把指挥棒忘在家里，正准备派人去取。秘书说：‘没关系，问乐队其他人借一支就好。’

“我心想，除了我，谁还可能带指挥棒？但我还是随便问了一句：‘有谁能借我一根指挥棒？’

“话音刚落，3根指挥棒已经递到我面前。大提琴手、首席小提琴手和钢琴师，每人都从口袋里掏出一根指挥棒。

“我一下子清醒过来，原来我不是什么必不可少的人物！很多人都在暗暗努力，时刻准备取代我。

“以后每当我想偷懒、飘飘然的时候就会看到3根指挥棒在眼前晃动。”

很多人都会这么认为：只有指挥员才有指挥棒。

要不是这次忘了指挥棒，要不是秘书的话，高高在上的他还会一直以为他是独一无二的。其实，世界上也没有永远的第一，一个人无论有多大的成就都不是什么不可缺少的人物，我们身边永远都有许多看不见的竞争者都在暗自努力，时刻准备取代这个位置。

因此，不管你现在有多高的地位，你都不能麻痹，不能懒惰，否则就会有个魔鬼进入你的体内并且控制你，结果就会有很多人取代你。因为你不去努力，你在为一时的成功而感到骄傲时，别人已经在努力并且赶上你。

其实每个人都不是在社会上必不可少的人，而是你的努力使你成为一个伟大的人。丢掉你的懒惰，只要你记住许多人和你一样在努力，只是你比他们更加努力，他们才不能取代你。让我们一起丢掉这该死的懒惰吧！不要忽视身边的竞争者。

·心得·

心理学家用青蛙做实验，发现开水没煮死青蛙，而是温水把青蛙煮死了。这个实验证明安逸的危害性。人在一次成功、一次胜利后，往往会安于所得，认为累了，应该歇一歇，停下来享受胜利果实，可这一歇，就歇得忘乎所以了。

记得王安石曾写过一篇名叫《伤仲永》的文章，说仲永相当聪明，是个神童，很小的时候就不得了，按说他有很好的根基，可他父亲带着他到处炫耀，最后反而无所作为。

第二章 The second chapter

点亮心灯

——驱尽思路上的雾霾

成功只需改变一点点

——凡事多留个心眼

成功与不成功之间的距离，
并非真的是一道巨大的鸿沟。
成功与不成功往往只差一点点。
凡事多留个心眼儿，
比别人多想一步，
比别人多做一点，
比过去多改变一点，
结果就可能会创造奇迹。
成功并不像你想的那么复杂，
只需改变一点点。

怎样实现成功呢？一位叫卢旭东的河南小伙子告诉我们，成功其实并不难，只需改变一点点。

如果你在北京生活过，你会知道，有很多外地人在这里卖菜。卢旭东就是其中之一。他在北京的三里屯菜市场。

在北京卖菜其实是很辛苦的，每天都是起早贪黑。跟大多数进城卖菜的人一样，卢旭东肯吃苦，每天勤劳苦干，当初他一个月只能挣1000多元。1000元，就是在全国的许多个城市，都是很低的收入，更不用说是在北京了。

卢旭东想啊想，能不能多赚点钱呢？机遇总是属于有思想准备的人。一天，他发现一位外宾在购菜时，很认真地挑选一些看上去精致小巧的菜。放在一般人眼里，这只不过是一个微不足道的细节，眼睛都不眨就过去了。卢旭东很重视这个小细节，他不禁想："中国人都爱挑个头大的菜，而老外为什么却偏偏挑选小的呢？"

带着这一疑问，他请了个大学生老乡，用英语跟老外聊了起来。原来，这是东西方的审美情趣和饮食观念差异所造成的，西方人认为小巧的菜不仅漂亮而且营养价值高。

卢旭东大喜。从这以后，每次进菜，他都有意挑选同行们不喜欢进的"小菜"。这样一来，卢旭东的生意很快就红了起来。卢旭东紧抓机遇，进一步猛抓商机，他来到蔬菜批发市场，与一些供货商秘密签订合同：凡是"小菜"都归他所有。就这样，他在菜市场里做起了"独家"生意，别人只能干瞪着眼睛看他生意兴隆。

卢旭东不满足于现状，当他的"特色"菜在老外中有了一定知名度时，他迅速在市场里租了一个店面，并取名"LU'S SHOP"。

结果生意也非常红火，卢旭东决定把生意做大，他前后在北京市区开了11家连锁店，凡有老外的地方，基本上都被他的店给覆盖了。光大还不够，还得做细做强，卢旭东在京郊的大兴区买了一块地，建立了自己的蔬菜基地，以保证蔬菜的质量。

想当初，卢旭东跟大多数进城卖菜的人一样，每月挣的钱都很可怜。后来他成功了，原因说起来却是如此的简单，只不过在进菜上做了一点点改变，然而就是这么一小点改变，他的命运就与过去有天壤之别。成功并不像大家所想的那么难，只需要改变一点点，就足够了！

有位商界的成功人士打比方说：当年美国西部兴起淘金热，大家蜂拥而去，然而一条河挡住了他们的去路。这时，淘金者的人群中如果谁放弃了淘金，去买船从事运送淘金者的营生，那他必定成功，这种人也就是我们眼中的商业奇才。

成功就是这样简单，当大多数人都在做某件事时，你只需稍加思索——“大家还没有做什么”，在这方面力求一点改变，经营自己的“特色”，你往往就能与成功拥抱！

相反，人云亦云、随波逐流，做大多数人都在做的事，往往是我们没多大成就的通病。因此，我们要到他人忽略的特殊领域，去挖掘自己的人生价值。

·心得·

是啊，成功只需改变一点点。因此，做人不要“一根筋”，做事不钻“牛角尖”。我们只需在思维、态度、方法、习惯、心态以及性格等方面改变一点点，就会发现，从平凡到卓越貌似不可逾越，其实完全可以由量变到质变，从而实现人生的飞跃。

在思维上改变一点点。思维是行为的先导，变化、发展是人的一种内在的、独特的要求，但只要不断改变思维，使自己的思维更加与客观条件相适应，就能把握命运的脉搏。

在态度上改变一点点。天有不测风云，人有悲欢离合，人生总会有顺境和逆境穿插交织，只是在逆境之中，有人沉沦，有人振奋。之所以如此，就因为我们的态度。改变态度，将会改变你的人生。态度决定一切。

在方法上改变一点点。就能提高做事的效率。相同的条件下，做同样的事情，方法对，事半功倍；方法错，事倍功半。

在习惯上改变一点点。好习惯是开启成功的钥匙，坏习惯则是一扇通向失败的大门。成功的人都有良好的习惯，失败的人都有坏的习惯。成功不是结果，是一个过程，这个过程离不开好习惯。

在性格上改变一点点，因为性格决定命运。改变自己的性格，哪怕是很小的改变，都会给自己带来好心情乃至新的机遇，同时也是给身边的人一缕阳光。

水滴石穿，绳锯木断。成功只需改变一点点。

别让你新奇的念头溜走

——重视你的想法

每个人都是天才，
每个人都有灵感，
每个人都能成功。
你之所以平凡，
就是因为你让新奇的念头溜走了。
智者千虑必有一失，
愚者千虑必有一得。
不要小看你的想法，
用心抓住它吧，
成功的种子就要开始发芽。

在五彩缤纷的生活中，我们每天都可能有许多感受，新奇的想法和念头常常闪现，但绝大多数人只是把它当成一个念头而已，想想就过去了，却不知这些念头中潜藏着巨大的商机。

财富的成功获取者与穷困一生者之间，就差那么一点点——富有者把新奇的念头紧紧抓住了，而穷困者把它轻易放过去了。

英国发明家维利•约翰逊就是一个抓住新奇念头的人。一天晚上，他躺在床上，不由自主地想起上小学时的一件事：那时，为了知道从家里到学校的路有多长，他常常边走边数，看一共要走多少步，然后再量出一步的距离，便可算出大概的路程。想着想着，约翰逊的大脑里突然冒出一个新奇的念头，何不发明一双能够测量距离的“计步鞋”呢？

想到就做，约翰逊立马收集各种资料，很快他就弄出了草图。约翰逊在一双特别加工的鞋垫上装上微计算机，鞋面安装有显示器。每走一步，有关数据便会在鞋面上显示出来。

后来，约翰逊又对“计步鞋”作了进一步的改进，开发出“测速鞋”，能显示一个人走路和跑步的速度。

约翰逊发明的鞋投放市场后，销售火爆，被誉为“魔鞋”。

英国女富豪安妮塔•罗蒂克也是一个善于抓住新奇念头的人。一次，她在与男友约会时，突然产生了一个神奇的念头：为什么我不能像卖杂货和蔬菜那样，用重量或容量的计算方式来卖化妆品？

那时卖化妆跟今天不一样。安妮塔立马行动，把自己的设想付诸实施，结果深受消费者欢迎。

还有一个人，在削苹果时产生了一个念头。事情是这样的，就在不锈钢发明出来以后，人们还不知道它的用途，当然它也不叫不锈钢。布里尔利想寻找一种钢材做枪膛，他把这种钢先后放入由酸、碱、盐等配成的各种溶液里浸泡。结果这是一种具有强烈腐蚀性溶液奈何不得的奇异不锈之物，缺点就是不耐磨，因此不能做枪膛。

但布里尔利并没有放弃对不锈钢的利用。那天他在家里用一把低碳钢制作的水果刀为客人削着苹果皮。他一边削皮一边想，能否用不锈钢做水果刀？不久，世界上第一把不锈钢水果刀问世了。今天，这把小刀仍在英国皇家博物馆的橱窗里展出。布里尔利虽然没有把不锈钢用在枪膛上，但他丰富的想象力使不锈钢在别的方面大显身手。不锈钢的“家族”日趋壮大，现在已成体系。不锈钢制品的附加值是普通钢材的5至30倍，它让我们的生活变得更加丰富多彩。

·心得·

故事中的几个人之所以能成功，就是没有让新奇的念头溜走。其实每个人的脑子都会有怪念头的出现，每个人都是思想家，只是我们不够重视自己的想法，在不经意中，这些美妙的念头就灰飞烟灭了。

尽管人的想法有不少是荒诞不经的，但新产品的发明，离不开想象，因为它是“理性的先驱”。不少成功者的人生都富有创造性，就在于他们在健全和完善假说的过程中，又都毫无例外地发挥了想象的作用。

让我们开动智慧的大脑尽情地畅想，把脑海里闪现的金点子、好想法、新发明摆上“智慧与发明超市” 的柜台，即使当时不会有奇迹出现，但就在今后的人生路上遇到无奈、事业发展遇到难处时，可以从“智慧与发明超市”提出来，让这些闪光的智慧为我们解难、为大家创造财富。

从发现到发明的力量

——财富在你留意的生活中

每天工作8个小时还不够，
成功还须24小时的思考。
生活中处处都是成功之源。
要想在职场中生存和发展，
应当善于关注细节，多思考。
一件精品，
常在细微处更能体现价值。
一份执著，
更体现在能把情智灌注于每个细节，
用智慧把点滴的思考串连起，
结果就会是一片辉煌。

方便面，又称速食面、即食面、公仔面、快熟面、泡面等，是一种家喻户晓的食品，它是安藤百福发明的。安藤百福，本名吴百福，1910年出生于台湾嘉义，2007年逝世，享年96岁，日本日清食品株式会社创业者与社长、日本即食食品工业协会会长、世界拉面协会会长。

方便面的出现，被称为是“20世纪最伟大的发明之一”。据统计，2003年全世界方便面的产量就达到632.5亿包，其中中国277亿包，印尼112亿包，日本54亿包，韩国36亿包，美国37.8亿包。年产值已高达140亿美元。2005年，我国方便面总产量约460亿包，销售额为298.4亿元人民币，产量居世界第一。 2007年中国生产方便面489亿包，实现产值357亿元人民币，方便面的产量已占到世界总产量的二分之一。

然而，当你吃着香喷喷的方便面时，你可知道它的由来?

- 穷人堆里催生的灵感

1958年安藤百福发明了世界上第一包方便面——“鸡肉拉面”，当时他已48岁，而开发方便面的灵感则早在1945年就已萌生。

第二次世界大战后，日本食品严重不足，人们饿得连薯秧都吃不上。安藤百福偶而经过一家拉面摊，看到许多穿着简陋的穷苦人顶着寒风排起了二三十米的长队。这使他对拉面产生了极大的兴趣，感到这是大众的一个巨大需求，但是他并没有着手开发。一直到他担任董事长的信用组合破产，一瞬间失去了几乎所有财产时，才决心把事业的中心转移到“食”上来。

1958年春天，安藤百福在大阪府池田市自家的后院内建了一个10平方米的简陋小屋，找来了一台旧制面机，然后买了18公斤面粉、食油等，埋头于方便面的开发。

- 在生活中悟出道理

安藤百福设想的方便面是一种只要加入热水立刻就能食用的速食面，他设定了五个目标：

（1）味道好吃而且百吃不厌；

（2）能够成为家庭厨房常备品且具有很长的保质期；

（3）不必经过烹饪，只要加入热水就可马上食用；

（4）价格低廉；

（5）安全、卫生。

说起来有点滑稽，安藤百福根本就不懂做面。要知道，在方便面的研制过程中最关键的是原料的配制。从这一点上来看，他得付出很大的勇气和汗水。一开始，他把所有想到的全都试了一遍，结果都失败了。

然而，安藤百福坚持不懈，终于解决了问题，但效果还不够理想。一次，他见夫人做油炸食品，发现油炸食品的面衣上有许许多多的洞眼，就好像海绵一样。面是用水调和，在油炸的过程中，水分散发后，就形成了“洞眼”，而加入开水后，就会迅速变软。由此，他想，要是把面都浸在汤汁中使其入味，然后油炸使其干燥，就能解决保存和烹调的问题。他兴奋地把这种操作方法称为“瞬间热油干燥法”。

怎样使方便面吃起来更香一点呢？安藤百福百思不得其解。一天，岳母把宰杀后的鸡做成美味菜肴，端上餐桌，而且还把鸡骨头熬的汤放在拉面里，儿子竟然吃得很香。他当时想，世界上许多国的人也都喜欢吃鸡肉，于是决定方便面也用鸡汤。就这样，方便面诞生了。安藤把试制品发给许多熟人品尝，得到了很好的评价。

· 把面条放进纸杯里

1966年安藤百福第一次去欧美进行视察旅行，希望找到把方便面推向世界的办法。

当他拿着鸡肉拉面去洛杉矶的超市时，他让几个采购人员试尝拉面，他们有点为难，原来是没有碗。他们考虑了一下，索性找了个纸杯子，把鸡肉拉面分成两半放入纸杯中，注入开水，他们用叉子吃着。吃完后把杯子随手扔进了垃圾箱。

安藤恍然大悟，脑子里有了开发“杯装方便面”的构想。容器决定选用当时还算新型的泡沫塑料，轻而且保温性能好，成本也便宜。杯子的形状做成用一只手也能拿起的大小。

在从美国回国的飞机上，安藤发现空中小姐给他的放开心果的铝制容器的上部是一个由纸和铝箔贴合而成的密封盖子。当时，他正被如何才能长期保存这个问题困扰，在那一刻杯装方便面的铝盖就这么定了下来。

·心得·

人类与动物的最大区别就在于人有最精密的机器——大脑。千万年来，人类依靠着大脑思考、探索，使社会不断进步，站在了生物链的顶端。这说明思考是个人生存和社会发展的原动力。

与思考分不开的是观察。人们都应当做生活的有心人，多注意观察，就能在细微的小事中有所发现。

然而，在我们身边，许多人不留意小事，也就不能从中发现有用的价值和机遇。难怪有人说，牛顿看到苹果掉下来发现了万有引力定律，而很多人即使被苹果砸破脑袋也不会去想一下苹果落下的原因。

成功需要眼光和大脑，在发现中思考，在思考中发现。做到这一点，平凡的世界才燃起灵感的光芒。

懒蚂蚁的智慧与茶杯上的学分

——思考是行动的眼睛

勤奋只是一种精神，

一种行为，

一双脚；

思考却是一种智慧，

一个方向，

一盏灯。

两者的结合，

我们的人生才会走得更远。

人与人的差别取决于脖子以上的部分，

只有装满脑袋才能装满口袋。

光有思考没有行动也不行，

想法仅是观点，

需要用行动证明。

先讲个故事。动物学家观察发现，在成群的蚂蚁中，大部分蚂蚁都争先恐后地寻找食物、搬运食物，可以说是相当地勤劳，但有少数蚂蚁则什么活也不干，可谓懒蚂蚁。

为了深入研究这些懒蚂蚁在蚁群中如何生存，动物学家做了下面的实验。

他们在这些懒蚂蚁身上都做上了标记，然后断绝蚁群的食物来源，并将蚂蚁窝破坏掉。在随后的观察中发现，在这种情况下，那些勤快的蚂蚁都不知所措，一筹莫展，而懒蚂蚁则挺身而出，带领伙伴们向自己侦察到的新食物方向转移，并顺利地建起新的蚁窝。

接着，实验者把这些懒蚂蚁从蚁群里抓走。结果发现，剩下的蚂蚁都停止了工作，乱作一团。直到他们把那些懒蚂蚁放回去之后，整个蚁群才恢复到井然有序的状态。

懒蚂蚁善于运用头脑分析事物，把大部分时间都花在了“侦察”和“研究”上，能在环境变化时发挥行动引导作用，具有使蚁群在困难时刻存活下来的本领。显而易见，懒蚂蚁在蚁群中有着举足轻重、不可替代的地位和作用。古人说：“劳心者治人，劳力者治于人。”也从另一个角度反映了思考的意义。如果说理论是行动的眼睛，那么思考就是勤奋的眼睛。

成功的人不仅懂得用手脚做事，更懂得用脑思考。哲学家叔本华说：“记录在纸上的思想就如同某人留在沙上的脚印，我们也许能看到他走过的路径，但若想知道他在路上看见了什么东西，就必须用我们自己的眼睛。”

刚毕业的大学生吴薪进入一家国企工作，感觉不好不坏。也许工作淡如水，但一次为老总倒茶的经历，掀起了她胸中的浪涛。

那是一天下午，老总秘书有事出去了，委托吴薪暂时顶替她一下。当时，老总正跟一位客商谈业务。过了一会儿，吴薪见杯里的水少了，便主动给客商倒了水，之后见老总杯中的水也少了，便轻轻拿起杯子，倒一个满杯，又轻轻放了回去。

等客商走了后，老总通知吴薪到他办公室来一下。她敲开门进屋，老总让她坐好后，第一句话就问：“你知道自己是为谁服务的吗？”

吴薪心想，自己一切都做得挺好，今天替老总的秘书做事，也没出什么差错，他为什么这样问自己。吴薪带着疑惑回答："为您"。

"你说对了，现在你确实是为我服务，但为谁服务就应该知道他的习惯，知道怎样做才能让他感到舒服和满意。"顿了一下，他突然问，"你知道我平时喝茶是用左手还是右手？"

"右手！"吴薪回答得很肯定。

"既然知道，那你怎么把茶杯放在左面？这使得我喝茶还得从椅子上站起来才拿得到杯子，要是一不小心，还会把茶水洒到文件上。"说着，老总端起杯子出去了，回来后递给吴薪一个空杯。

吴薪知道老板是有意让她为他再倒一杯茶。打开茶具下面的柜子，她见里面有各种名茶：红茶、花茶、绿茶，光绿茶就有不少种，她不知道老总喜欢喝哪一种茶，只好硬着头皮问。

"你来这里工作也不是一天两天了，平时怎么就不注意观察？"老总带有责备的口气说。

知道老总爱喝哪种茶还不行，到底应该放多少合适呢？放多过浓，放少了又太淡。

吴薪捧着茶杯毕恭毕敬地放在老总桌子右前方的位置上，心想：这下该没问题了吧。

"你应该把茶杯的手把朝向我，这样的话，我用不着再转杯子。还有，茶不能倒得过满，过满了，温度不能马上降下来，尤其是客人来时，他不能马上喝，这也就失去了倒茶的意义。而无意义的服务，既浪费了茶叶，也白白付出了劳动……"

没想到倒茶还有如此深刻的学问。工作中的许多事情都像流水而逝，叫人回忆不起来，但这件倒茶之事，吴薪一辈子也忘不了。学会给别人倒茶，看起来是件简单的小事，但在这个世界上，哪怕再简单的事都需要你认真思考才能做得更好。

·心得·

不动脑筋，不思考，做事就会盲目。“学而不思则罔，思而不学则殆。”李敖说：“人的一生大约分三个阶段：一是当观众，二是当演员，三是当后台老板。”当观众是为了积累思考的素材，当演员是运用和检验思考的结果，当后台老板也就是有能力用自己的思想去指导别人。

勤于动脑思考能激发人的潜能。许多东西，不思考无从发现；许多事情，不思考不会明白。思考让人越来越敢做梦，越来越敢圆梦。

朝思暮想——在希望中生存，这是人生低潮时最宝贵的力量。

痛定思痛——在反思中成长，这是人生成长中最有意义的力量。

集思广益——在借鉴和吸纳中得到启发，这是事业发展中最可依赖的力量。

三思而后行——在权衡和取舍中避开暗礁，这是人生航程中最具智慧的力量。

怎样看清上司的心思

——知己知彼，让职场生活更和谐

记住职场生活的六大法则：

协作法则:自己能动是必须的，

推动别人是高尚的。

自省法则:别人不喜欢你是正常的，

改变自己，让别人喜欢你是明智的。

失败法则:消极无奈是不受欢迎的，

能在方式方法上找原因是值得鼓励的。

个性法则:世界上的牛都是白色的是会让人厌倦的，

一大群牛中出现一头紫牛是最动人的。

关爱法则:世间的一草一木都是有情的，

世界上所有的人都是需要关爱的。

潜隐法则:随易张扬是会招来麻烦的，

在等待机遇时不断修炼是智慧的。

家庭生活中，搞好婆媳关系是家庭和睦的秘诀；工作中，与上司搞好关系，也是很重要的一件事。在此，需要声明一下，不要刻意讨上司欢心，尤其不能像一些无能的人变得像哈巴狗一样巴结上司。但与上司关系不和谐就是一件令人不快的事，而能成为上司眼中的常青树，对做好工作是有利的。假如与上司关系不和谐，这种较难堪的局面很可能会让你慢慢丧失对工作的热情。

要想改变职场中的这种局面，我们不妨从发现上司的心思开始。

· 有才能的人一定讨上司喜欢吗

实践表明，有才能的人会有更多被雇佣的机会，但要获得晋升，往往需要才能之外的东西。为什么生活中会有许多怀才不遇的人，主要原因就是他们在才能之外往往不懂得与别人协作，成为了同事不喜欢的人，这也就难于成为上司的左臂右膀。多数人的工作不需有超人的才能，只要尽力而为，不自行其事，就能顺利的完成。

记住，上司更喜欢让他以及其下属感到可信任的人。

· 上司为什么不喜欢你

世界上没有天生的好上司，也没有天生的好下属。改变别人是一件几乎不可能的事，改变上司更是困难，那么积极主动改变的就只能是你自己。那些不讨上司欢迎的，问题就出在这里。当你真正改变自己时，你与上司的关系就开始发生变化了。

检讨一下，你是否有这些行为：面对上司的目光，你总是直视，还是躲躲闪闪？当你得知上司的隐私，你是从不议论，还是侃侃而谈？与上司交换看法时，你总是表现得很坦率，还是隐瞒、夸大？也许你不是最优秀的下属，但你是尽力争取做最好的下属，还是得过且过？假如你做不了最好的，你是努力成为上司和同事最信任的人，还是弄虚作假？如果你的行为都是“还是”前面的，上司就不可能不喜欢你。

· 哪种失败者能得到上司的“橄榄枝”

“屡败屡战”与“屡战屡败”的历史典故，你也许还记得。同样是在工作中失败了，上司却喜欢这样的员工——把失败归咎于某种能够改变的事情上。相反，那些把原因归结为自身诸多不能克服的弱点上的人，是不讨上司喜欢的。此外，上司也不喜欢那些找借口、没有责任感、把问题往别人身上推、没有乐观心态的人。

工作中遇到困难是难免的，要是你老说自己无能，甚至把无奈的叹息声让隔壁房间的上司知道，你的处境自然就变得不妙了。你要知道，事情没做好，上司的心情也许比你还糟，你不能为他排忧解难，反而把事情搅乱，还态度消极，自然得不到上司的“橄榄枝”。

• 有个性的人真不讨上司的“欢心”吗

职场生活中，个性较强的人容易和上司产生矛盾。这时，你要是把自己的个性摒弃，那更糟糕的事就会马上来到。因为唯唯诺诺、时时事事都听上司的话，知道上司错了，不敢及时纠正，上司会认为你原来是个“窝囊废”，一点眼光也没有。要是你为自己辩护，并试图证明自己的能力并且你成功了，上司又会认为你在看热闹，没有真心真意地做事，反而陷入了自己给自己挖的陷阱。

其实，有个性的人与上司有摩擦，上司也会暗暗自省，要是发现你有合理之处，他就会调整自己的行为方式，使得双方在矛盾冲突中建立新的和谐。

• 上司不渴求下属的关心吗

工作中，许多上司都比较严肃，他们高高在上，似乎不食人间烟火。其实人都一样，有“七情六欲”，工作压力也会让上司感到心情压抑，只是他一般不在下属面前表现出来。此外，家庭关系也会影响上司。因此，上司也有脆弱的时候，也需要心灵鸡汤。你应当予以适当的关心。一句祝福的话语，一个淡淡的微笑，一杯香茗，一个小笑话，都可能会像石块投入宁静的深海——“胸怀被敲开，一颗小石块，都可以让我澎湃”，对心海产生强有力的冲击。

• 怎样才不会误解上司的意图

一般来说，误解上司意图并不是上司下达任务不清楚。那为什么还会有人误解上司的意图？

其实，很多人误解上司的意图主要原因是在接受任务时过于紧张。在上司发布任务时，虽然你边听边点头回答“是是是”，但你并没有认真听。此外，有些人不善于提问，也是一个重要原因，他们认为上司肯定会讲清楚。但在细节上，你要是不厌其烦地问，上司可能会认为你啰唆，可这比不问而完全误解上司使工作造成损失要好得多。

在这里，特别需要说明的是，你听时很认真，问的也很多，但还是误解了上司，这个问题就比较严重了，因为你与上司缺乏共鸣，而上司会认为你没有全局意识，不了解所从事的工作现状与进度。

解决这一问题的一个好办法就是与上司建立良好的情感沟通关系，争取让他与你像朋友一样讲话，在平等友好的氛围里正常交流，而不是像猜谜一样去猜上司的心思。

• 你是羊群中的骆驼吗

有一个笑话说，一个刚进公司的优秀员工被上司解雇了，理由是：“我这里已经有好几个像你这样的人，后来他们都成了行家，然后突然出去自己办公司，拼命想挤垮我们。”

虽然是个笑话，但也说明了这样一个道理，刚进公司的员工不宜张扬，应当懂得韬光养晦。按照《周易》的观点，刚进一家公司时，如果你是龙，一定要学会做潜龙。在这个过程中，要找到支持者，尤其是得到上司的支持。过于张扬是很危险的，别人往往不服你，甚至把你当做“虫”。你的上司会为你的决策感到突然，认为你太嫩，太毛躁；你的下属会感觉到茫然，认为你不了解情况。多给上司、下属，也给你自己一点时间，做“潜龙”，这是建立信任和理解的基础。记住，在初期阶段，作为“潜龙”的你，至少应当做好以下的事：

（1）持续不断地更新你的知识链，提升素质，不要幻想你头脑里的“丰富知识”能支撑到你职场终结那一天，花点血本提升自己，老板会觉得你是个积极向上的人，有培养前途。

（2）珍惜每个培训的机会，因为它是企业福利的一部分。

（3）外表给人一副永远生机勃勃的样子，对手头工作始终充满激情且斗志旺盛，你的部门也因你的年轻心态而变得富有朝气和活力。

（4）在企业，你不必像机关职员那样善于揣摩上司的眼神，但他随口交办的事你也必须第一时间完成，因为他一般不会再重复第二次。

（5）永远不要和上司解释工作失误的原因，因为他只有时间听你汇报结果，而没有时间听你解释过程。

最后还需要奉告你几点。“潜”当然不是永远的，“不在沉默中爆发就在沉默中灭亡”。“是非总因多开口，烦恼皆因强出头。”当你一旦出头露脸成为众多下属中最出色的一个时，你更须小心。原因是在你不是最棒的一个时，你没有完成任务是可以理解和得到原谅，至少可被宽容三次，相反，你成为公司中最杰出的员工，上司和同事对你会有更高的期望值，做什么事你都应该是表率，应该做得更好。如果只完成任务，那就是不够格；倘若是出了点差错，就得面对众多的批评。

到了此时，你会认为自己今日的成绩是运气好，而不是奋斗出来的。这是不对的，它会使你有些松劲。要知道，逆水行舟，一松则退，你会陷入一发不可收拾的颓势。批评会使你“恼羞成怒”心理失衡，认为是周围有人故意与你作对，时间长了，要是得不到积极的肯定会使你丧失自信，喜欢暗窥上司的眼神，读出这样的答案：我真的不行吗？

当局者迷，旁观者清。并非你真的不行了，而是你应当设法马上恢复当初的干劲和激情。世界上没有一劳永逸的事。

·心得·

人在职场，看清上司相当重要。俗话说：“大公司看制度，小公司看上司。”其实，无论公司大小，上司的领导风格、所处地位都对下属的个人发展起着很重要的作用。

如果上司在公司受重视，说话有分量，下属的成长自然就快得多；如果上司在公司的地位不行，能力有问题或不善管理，下属的发展就受到阻碍。

对于本身就处于中层或基础的管理者，看清上司同样重要，用合适的手段和方式获得上面领导的支持，才能很好地开展公司，让其管理的团队发挥更大的能力。

赫敦管理咨询公司首席职业顾问Connie认为：跟对人很重要。

懂得转向才不会迷失方向

——善有不同思维

人生中的许多失败，
往往不是败在方法而是败在方式上，
方式就是人们的思维。
心无不同思维者迟早会摔跤，
心无差异思维者必误入歧途。
对待事情要具体情况灵活分析，
刻意传统、死守教条没有不犯错的，
教条本身就是一种错，
死守更是错上加错。
我们不仅要学会对差异事物的欣赏，
我们更要能以开放的心态来接纳。

不会转向，就是一种思维定势。思维定势，也叫定势思维，大家都对此都不会陌生，它是指人们习惯性地按照过去的经验教训和已有的思维规律，去思考，去办事。

不可否认，思维定势对人们认识事物和解决问题具有积极作用。心理学的研究表明，人在学习过程中使用某一认知方式进行思维，重复的次数越多就越有效。

定势思维具有积极的一面，从而让人们养成一些好习惯。然而，定势思维还有消极的一面，它容易使我们养成一种呆板、机械、千篇一律、“以不变应万变”的解题习惯。

因此，我们要学会突破定势思维，懂得转向。

我们来看一下心理学家们做的一个相关实验。

他们把一只鼹鼠和一只松鼠同时装进了空的水泥管道，管道被埋入地下，一端通向地面的出口，另一端则用玻璃封住，并且在玻璃外面安装了一盏光线微弱的灯。

被关进水泥管后，两只动物都在寻找出口。

松鼠看到管道一端微弱的灯光，它奋力扑向光源，可是被玻璃隔住了，一次一次地，松鼠努力又失败，但是它不肯放弃，直到筋疲力尽。

而鼹鼠的视力几乎等于零，它在水泥管里四处乱跑，横冲直撞。可就在松鼠对着光源穷精竭虑的时候，鼹鼠却找到了另一端的出口。不过，遗憾的是，一出地面，鼹鼠就被吓住了。相比地下冰冷的水泥管，阳光更令它不适应，于是它只好退回黑暗中。

像松鼠，被自己熟悉的目标吸引，一往无前，义无反顾，可努力却都成了徒劳。其实，阻碍它的，正是它所熟悉的目标，成功并不是玻璃墙后的那盏灯。而鼹鼠，靠着自己的蛮力和运气闯出了一片天，即将收获时却失之交臂，阻碍它的是眼高手低的自己。

看这样的实验，我们往往会讥笑动物。其实，我们人也会犯很多更可笑的错误。

有个被男友甩掉的女孩，因为不甘而在公园里哭泣。有位心理学家知道她哭泣的原因后，并没有安慰她，反而笑道：“你不过是失去了一个不爱你的人，而他失去的是一个爱他的人，他的损失比你大，你怎么反而恨他呢？应该难过的人是他呀。”

人们常说，恋爱中的人智商为零。这话说得确实有理，尤其是热恋中的年轻人，更容易在爱情的帆船上迷失方向，因为不甘心失败，因为已经习惯，所以还一直错下去。

假如你住的附近有一家饭店，东西又贵又难吃，服务态度又不好，桌上还爬着蟑螂，你会因为它很方便，因而一而再、再而三地光临吗？

你应该不会吧。但是，让我们换个角度思考一下，就会明白，自己或许做过类似的蠢事，甚至现在就在做这种事。比如，许多少男少女都曾经抱怨过他们的情人或另一半：品行不端，三心二意，不负责任，既让自己虚耗青春，付出许多代价，又总不能遵守承诺。明知道在一起没什么好的结果，未来也不会比现在更幸福，抱怨已经比喜欢还多，但是却“不知道为什么”还要和他搅和下去，分不了手。说穿了，只是因为不甘，因为习惯，这与一而再、再而三地光顾烂餐厅不是一样吗？

生活中还会有这样的事情，你不小心丢掉100块钱，只知道它好像丢在某个你去过的地方，你会花200块钱的车费去把那100块钱找回来吗？

你肯定会说，傻瓜才这样呢！可是，类似的事情却经常在你身边发生着。做错了一件事，明知自己有问题，却死也不肯认错，反而花加倍的时间来找借口，结果别人对你的印象大打折扣。被人骂了一句话，却花了许多时间来生气，来难过。为一件事情发火，不惜损人不利己，不惜血本，不惜时间，只为报复，只为面子，不也一样无聊？失去一个人的感情，明知一切早已无法挽回，却还是那么伤心，而且一伤心就是好几年，还要借酒浇愁，形销骨立，甚至还要发誓不再恋爱，结果损失得更多，如果你有精神计算，那损失的比例何止是这一两百块钱的比例呢？！

我突然想起小时候逗蚂蚁的事情。用卫生球画个圈把它围住，它就会在圈里爬呀的，总也爬不出去。

但是，心理学家在对苍蝇进行实验时，发现它们在玻璃瓶中并不刻板，能随机应变，敢于冒险，从而找到突破的方向。

·心得·

人生幸福与否，实际上是一个角度问题。不懂得换一个角度去看问题，思维必然僵化，心灵就会迷失方向，人生也会变得苦不堪言。

像太阳一样，从多个角度去照射，必然有一缕阳光落到微笑的脸庞上；像流水一样，它懂得转身绕行，结果流到了美丽的大海。不要害怕失去，打翻了牛奶也不必哭泣，我们依然能与星星和月亮相遇。当人生陷入了困境，也要想开点，就像一位作家说的：即使落入泥潭，也可看看口袋里是否有小鱼。

如果我们能这样做，我们就能掌控幸福的方向。

一张经典照片的启示

——想想别人不想的地方

人生失败往往是观念太旧，
要想成功，应先更新观念，
要想致富，应勤洗心灵。
千万不要太“守旧”，
成功的路子多多，
此路不通就换一条再走。
有时换一个角度，就会有好的效果；
有时换一个角度，就会有转机；
有时换一个角度，就会茅塞顿开。
固执不是解决难题的方法，
思想僵化会降低办事效率。

奈特•费恩是《纽约先驱论坛报》的一个抄写员，他爱好摄影，肯吃苦，而且观察事物的角度独特，因此报社有时也让他参加一些拍摄。

那是一场很有意义的球赛。扬基棒球队的新老队员举行一场象征性的比赛， 棒球巨星巴贝•鲁斯的参加吸引了众多的观众。更重要的，这是巴贝的最后一场比赛，此后人们无法在球场上看到他的精彩表演了。之所以说是巴贝的最后一场，因为可怕的癌症让这位英雄即将走到生命的尽头。

这场比赛的时间是1948年6月13日。各家媒体的记者纷纷前往，要抢拍一些精彩的画面。

也许是天意安排，《纽约先驱论坛报》体育版的摄影记者突然病了，报社的编辑立马让抄写员奈特前往。

对记者们来说，他们太熟悉巴贝了。一直以来，巴贝给人们的印象是这样的：宽宽的脸，略扁的鼻子和不大的眼睛。可因为病魔，现在的巴贝已经憔悴不堪，不再像往昔那样雄姿勃勃，连站立都需要别人的帮扶。

在这样的情况下，要想拍好巴贝的照片，显然是相当困难的。

巴贝也想给世人留下一个好的印象，他靠着椅子摆了一个系鞋带的动作，可由于身体实在太虚弱了，他连鞋带都拿不住。奈特的相机早已举好，可他认为这个动作太勉强了，他没有按相机的快门。

这时，巴贝开始入场了，两名助手搀扶着他。从远处看，巴贝站在离本垒几步远的地方，身体前倾，驼着背，一手撑着球棍，一手攥着自己的棒球帽，当年常穿的球衣罩在消瘦的身体上显得又肥又大。

从巴贝出场，记者们纷纷拍摄。但奈特发现只有从巴贝身后才能拍到他球衣的号码——扬基队最后的一个3号，于是他绕到巴贝身后，蹲了下来，尝试了几个角度之后，他最终轻轻按动了快门——体育新闻史上最著名的照片诞生了。这就是《巴贝敬礼》，当天就出现在《纽约先驱论坛报》头版，随后被各大报刊争相转载，并且于1949年获得了普利策奖，也是获得这个奖项的第一张体育新闻照片。抄写员奈特因为他独特的视角而一举成名。

这张照片是从一个很低的角度拍摄的，对面的摄影师都使用了闪光灯，但奈特采用的是自然光。球王眼前的繁华似锦，和他昏暗的背影形成鲜明对比，更体现出巴贝寥寂孤独的心情，让人为之动容。

成功有时就是一个角度问题。如果你想成功，想幸福，就得学会换个角度去看问题。可是，许多人总是习惯于从一个角度去想问题，长期如此，形成了一种僵化固定的模式，并被其束缚而苦不堪言。事实上，我们身边的许多事，只要换一个角度想方法，可以使问题变简单；换个角度去看人，可以更宽容地处世。有时仅需换换角度，就可以改变自己的一生！

我想起一个类似的故事：

某监狱进行警示教育，邀请了一家媒体的摄影记者随同，该记者曾在国内的摄影大赛中获过很多奖项。

在监狱的警示基地，监狱宣传部门安排了几名曾经位居处级以上却因为贪污受贿腐败而锒铛入狱的服刑人员现身说法。

他们站在讲台上神情凝重地念着忏悔书。有几个人，忏悔得十分深刻、感人。

有人注意到,那个随行记者和监狱里负责宣传的干部摄影时有所不同。监狱里的干部将摄相机和照相机的镜头直直地从正面对准忏悔的改造者，而那个随行记者却多次将镜头对准改造者的后背拍摄，从不在正面拍摄。

摄影记者对人们的疑惑解释说：“不知道你注意听了没有，当那些服刑改造者念到自己犯罪后许多亲朋好友远离他，以为他耻，他们对不起年迈的父母以及妻子孩子时，眼里几乎要掉泪了。如果从正面拍，警示的效果肯定会很好。如果照片发出去让他们的亲戚家人看见了该多伤心难过啊。从后面拍摄，一方面为了维护他们的尊严。另一方面是为了他的家人着想，所以我只从后面拍摄，那样效果反而会好些。金无足赤，人无完人。没有不犯错误的人啊！”

我佩服他的细心和高明。温情的呵护与尊重远远胜于尖刻的说教。

·心得·

世人大都有这样的通病：在考虑问题时，往往是条直线型的思考，不习惯于“拐弯抹角”的迂回前进。

成功的道路从来都不是平坦宽阔的，人生的美好境界往往是“曲径通幽”。只会按经验、老规则在一条路走，往往就会陷入山重水复，无法走出一片柳暗花明的新天地。

记住，在生活的道路上走得不好，很多时候不是路太狭窄了，而是我们的眼光太狭窄了，使得最后堵死我们的不是路而是我们自己。

咖啡里的成功味道

——抓住智慧的道具

品茶能获得智慧的启迪，

喝咖啡也能获得人生的力量。

一生酷爱咖啡的拿破仑说：

“相当数量的咖啡会使我兴奋，

感到温暖，拥有异乎寻常的力量。”

香茗可禅释生活，

咖啡亦可管窥人生。

年轻人多喜喝咖啡，

涩里带香，有一种成熟的刺激，

符合他们多变的心情；

苦中有甜，有一种恋爱的味道，

带给他们成功与成家的欲望。

咖啡树是一种常绿灌木或小乔木，种植于热带和亚热地区，其叶子呈长卵形，花白色，有香味，结浆果，深红色，内有两颗种子，种子炒熟后制成粉，就可制作成咖啡这种饮料。

咖啡不仅味道讨人喜爱，而且又有兴奋、健胃等功能，不少名人也与咖啡结下不解之缘，甚至可以说，咖啡对他们的事业也有一定的帮助。

喝着咖啡，发现自然奥秘的科学家

人类科技史上，有不少人是喝着咖啡发现自然奥秘的。

英国科学家马丁就是这样的科学家。一天，他与一些研究人员在一起喝咖啡，一不注意将咖啡洒在了滤纸上。这一下，奇怪的现象发生了。咖啡滴入滤纸，便渗了进去，而痕迹中心的咖啡颜色最浓，伴随着咖啡的渗透，颜色却越来越浅。

眼看着滤纸上颜色的变化，马丁获得了启发，后来不懈努力，他设计了一种快速而又经济的分析技术，这就是著名的分配色谱法。

马丁的这一重大发现，使得他与另外一位同事辛格齐获得1952年的诺贝尔奖。

大科学家爱因斯坦也是个非常嗜好咖啡的人。早在年轻时，他就常与索洛文、哈比希特等人到奥林比亚咖啡馆聚会，边喝咖啡边谈论数学、物理、哲学等问题，爱因斯坦跟这些人学到很多知识。后来，他们把这里戏称为“奥林比亚科学院”。正是这所非同寻常的“学院”造就了一代科学巨星。

再后来，爱因斯坦又去了一个新的地方——大都会咖啡馆。在此期间，他习惯在面前放一杯咖啡，边看书，边思索，激动时就在上面写写画画，一坐就是一个下午。鲁迅先生说过这样一句话：“世界上哪有什么天才，我只不过是把别人喝咖啡的时间用在了工作和学习上。”爱因斯坦可谓典范。就在大都会咖啡馆，爱因斯坦读完了《科学的价值》这部著作。

让咖啡香味熏出来的文学艺术家

与自然科学家们相比，有些文学家所取得的成就也与咖啡有关。

美国著名作家海明威“一战”后来到巴黎。此时，他还没有什么名气，而且穷困潦倒。海明威喜欢光顾一家位于蒙帕纳斯大道71号的丁香小花咖啡馆，这使得巴黎左岸拉丁区的咖啡馆充了文学味道。

在巴黎，以塞纳河为界，分为两岸，河右岸是辉煌的卢浮宫、优雅的香榭丽舍大街以及经典的大歌剧院，这是巴黎最正统的一面；而河左岸则截然不同，满眼是密密麻麻的小巷，这里还有拉丁区的大学城，很多贫穷的艺术人才和大学生都来到此，使得左岸地区慢慢成了各种异端思想的起源地。左岸咖啡馆也由此成了具有叛逆思想、冒险精神和超前意识的驻足地。

“左岸”时期，海明威写了不少短篇小说，主要是写他在巴黎的见闻，没有引起文坛的重视。1926年，他出版的第一部长篇小说《太阳照常升起》使他获得了成功。1952年他的中篇小说《老人与海》获得了诺贝尔文学奖。海明威的声名鹊起，也使得左岸的几家咖啡馆闻名于世。

巴尔扎克这位闻名于世的大文豪更是个咖啡狂，咖啡简直就是他的文房之宝，没有咖啡就不能工作，甚至连外出都要带上咖啡壶。他是这样描述自己喝咖啡的感受：“一旦咖啡进入肠胃，我全身就开始沸腾起来，思维就摆好了阵势，好像一支伟大的军队在战场开始了战斗。”在五六个小时的连续工作之后，实在不能坚持了，他就会煮起咖啡，并按自己独特的方式配制饮用。

据统计，巴尔扎克创作《人间喜剧》时，暴饮了1.5万杯咖啡。朋友拿克加尔医生回顾了巴尔扎克的一生，认为咖啡是造成他死亡的唯一因素。巴尔扎克好像也有预感，说自己“将死于3万杯咖啡”。

饮誉全球的德国作曲家巴赫，不仅自己爱喝咖啡，而且还劝别人饮，但奇怪的是他写了一部《咖啡清唱剧》的独幕剧，内容讲的是一位老人劝女儿戒掉饮用咖啡的故事。

梵高在巴黎生活时，也经常到铃鼓咖啡屋。他创作的《铃鼓咖啡屋的女人》就是取材于此，以老板雅散斯蒂那作为描写对象。1888年，离开巴黎后，他也常去咖啡屋中观看那些消沉的灵魂并以此入画，像《夜间的咖啡屋》这幅画就散发着魔鬼般的气息。

· 心得 ·

茶里有苦涩香，咖啡也有苦香味，它们都与人生的苦甜相似。

只是，东方国度崇尚茶文化，西方盛行咖啡。英国哲学家和政治家詹姆•麦金托什认为：一个人的智力与饮用的咖啡是成正比的。法国外交家塔列兰（1754—1838）曾说："熬制得最理想的咖啡，应当黑得像魔鬼，烫得像地狱，纯洁得像天使，甜蜜得像爱情。"

你真的弃旧换新了吗

——摆脱扯后腿的常规

没有规矩，
难成方圆；
有了规矩，
生活未必就圆。
规则不是坏事，
但死守就会让许多规则外的好方法顿失无形。
蛹知道变化于是成为美丽的蝴蝶，
蝴蝶固步反而成博物馆中的标本！
努力突破自我设限，
敢于打破陈规陋习，
勇于抛弃思想包袱，
我们在成功路上才会走得更远。

很小的时候就听大人们说过，判断一只开水瓶是否保温，只需把开水瓶口靠近耳朵，会“嗡嗡”作响的便是会保温的。后来一只开水瓶不保温了，要扔掉时拿起来放到耳边一听，里面仍旧“嗡嗡”作响。原来这种判断方法并不可靠，而我们很多人却一直在用它。

我们从前人那里继承了许多所谓的“经验”，但正确与否，却很少人去验证。很多时候，我们会被一种叫“经验”的东西蒙蔽了眼睛，束缚了思维，哪怕是一个很小很明显的谬误也难以推翻。像亚里斯多德认为“物体在空中自由下落，重的比轻的落得快”，后人们都把它视为“真理”，一直到了伽利略在比萨斜搭做了实验以后世人才逐渐认识到曾经的“真理”其实是谬误。

面对一些沿袭已久的成规，我们有时甚至不知道它们的存在，却被这种根深蒂固的思维模式所局限。观念在不断使用之后便成为内在的规则，一旦沦为常规，所有与其抵触的观念皆遭摒弃，这使得我们不能享受一些规则之外的好方法，我们的思维模式就会变得陈旧。要知道，21世纪是一个充满挑战的时代，世界的步调以无法想象的速度前进，无论你过去多么成功，都必须不断改变。

著有《组织的社会心理学》的韦克总结到：“实验、坚持不懈、试错、冒险、即兴发挥、最佳途径、迂回前进、混乱、刻板和随机应变，才有助于应付变化。”

我们要是不能变化，就无法重新飞翔，最终只会在这个充满变化的社会栽跟头。

优秀的人士都是发展迅速和反应灵敏的，但并非是不停地把事情搞乱和不断地改变策略。要做好在条件允许的情况下改变方向的准备。

在充满不确定性的时期，不要想当然地认为“回到基本原则”就是正确的步骤。许多人在情况不妙时就会回过头去走老路。不要因为你用得很顺手就一直依靠那些刻板僵化的应对模式。

应当注意，一个人有时看似接受新的事物和吸收新的知识，但事实未必真的弃旧创新。

有家饭店的新主管发现店里筷子都掉漆了竟然还摆到餐桌上，他立马让服务员给换掉。

第二天，他特意地进行了一番巡视，结果让他很恼火，每张桌子摆的筷子还是掉漆的筷子。他生气地训斥服务员："我说的话你们都没听进去吗？干嘛不把这掉漆的旧筷子给换掉？"

大家都不敢啃声，唯独一个服务员低语："这些全部都是刚换过的新筷子呀！"

主管一听，更火了，以为是服务员在推卸责任，大声呵斥："新筷子怎么会掉漆呢？"服务人员说："您刚来，有些情况还不熟悉，这些筷子是七八年前就进的货了，所以还没用就掉漆了！"

表面上看，这家饭店已弃"旧"换"新"，可谓昨天的东西相对前天而言是新的，但对今天来说，它已是旧的。我们关注的是今天和明天，而不是过去。过去不等于现在，更不等于将来。我们要用发展的眼光看待自己，看待成功。过去决定了现在，而不能决定未来，只有现在的作为及选择才能决定我们的未来。因此，你的工作方式要是那种很老旧的，应当全盘更新，把眼光投射到崭新的现在和明天。

此外，还有一种情况，我们也要注意。

一种新的方法出现，人们急于学习，急于找到解决问题的捷径，结果由于追逐时尚而让生活和工作重点陷入混乱。这一点不难理解，脚长大了，旧鞋就不合脚，但一双新鞋也绝不可能适用于所有人。拉尔夫•沃尔多•爱默生说得好："令人讨厌的小人物身上有一种愚蠢的一致性。"

成功需要的是改变的智慧。很多时候，当你的一切都和别人相差无几时，你唯一可以胜出的也许就是智慧了。学会运用智慧，学会另类思考，在别人习惯于旧有的思维模式而走不出一条新路时，你要做的就是打破它。美国一家生产牙膏的企业只是把牙膏开口直径扩大了1毫米，就带来了巨大的效益。有时，善于把你的智慧打开了1毫米，仅仅是1毫米，你就把握了成功和失败的距离；1毫米，它会让一些习惯固有思维模式的人永远望尘莫及。

·心得·

弃旧换新，常被人误解、曲解，认为只要做个表面工作，就可以了。其实这是不够的，我们可以旧瓶装新酒，但我们不能装旧酒，更不能装假酒，那最终坑的是自己。

人生的弃旧换新，有时需要你彻头彻尾地换掉，就像让杯子中的浑水变清的最佳办法就是倒掉，洗干净杯子，重新去接清水。

问题是，人们在弃旧时，只在形式上或部分内容上作了更新，结果换汤不换药，行百里者九十里皆半，依然解决不了根本的问题。

通过富人发现穷人的穷根

——人生需要反思

同样是朝窗外看，
不同的人感受不一样，
一个看到的是满目泥泞，
一个却看到了灿烂星空。
同样是在赏花，
不同的人感受不一样，
一个人瞧见了玫瑰的美丽，
一个却瞧见了利刺的恐怖。
原来都是眼光不同，
原来都是观念决定，
人生的贫富也一样。
你是贫是穷，
是由你的眼光和观念决定的。

生活在同样一个世界上，有的人终生被幸福、快乐、富足所环绕，有的人却一直生活在苦恼和贫困之中。这是为什么呢？其实，人与人之间原本没多大区别，只是由于各自眼光和观念的不同而造成。

好几年前，有两个乡下人，他们决定到外面的世界去闯一闯。但是去哪里好呢？想来想去，他们作出了自己的决定：一个准备去上海，一个打算去北京。

他们在候车厅等车时碰巧相遇。他们听到邻座的人议论说：“上海人精明，外地人问路都收费；北方人淳朴，看见吃不上饭的人，又给馒头又送旧衣服，在那里就是赚不到钱，也饿不了，冻不着。”想去上海的人听说北京人好，挣不到钱也饿不死，他庆幸去上海的车还没开，不然一到上海就真掉进了火坑。

准备去北京的人想，上海好，给人带路都能挣钱，我幸亏还没上车去北京，不然真失去了一次发财的机会。

于是，他们在互换了车票。

去北京的人发现，北京果然好。他初到北京一个月，什么都没干，竟然没有饿着。银行、宾馆大厅里的纯净水可以随便喝，大商场里免费品尝的食物也可以白吃。他整天偷着乐。

去上海的人发现，上海果然是一个可以致富的城市，干什么都可以赚钱。带路可以赚钱，弄盆凉水让人洗脸也可以赚钱。只要肯动脑筋，再花点力气就可以赚钱。凭着乡下人对泥土的感情，几天后，他在建筑工地装了十包含有沙子和树叶的土，以“花盆土”的名义，向不见泥土而又爱花的上海人兜售。当天他在城郊间往返五次，净赚了40元钱。一年后，凭着“花盆土”，他竟然在大上海拥有了一个属于自己的门面。

后来，他在常年的走街串巷中，发现一些商店楼面亮丽而招牌较黑，一打听才知道一般的清洗公司只负责洗楼面而不洗招牌。他立即办起一个小型清洗公司，专门负责擦洗招牌。慢慢地，他的公司发展到几百人，业务也由上海发展到杭州和南京。他成了名副其实的富人。

数年后，他到北京考察清洗市场，在路边碰到一个捡破烂的穷人正在收空啤酒瓶，那人一抬头，两人都愣住了：数年前两个一同外出的曾换过车票的打工仔，如今的生活竟然如此不同。

对此，有人指出，那个去了上海的是观念先进的人，那个去了北京的是观念落后的。去了上海的认为，市场经济是风险经济，对一件事，只要有1%的希望就要去闯。去了北京的认为，做一件事，起码得有90%以上的把握，最好是有100%的希望。去了上海的认为，经营应以攻心为主。某地发生灾情，他会把自己的产品，先进行展销，然后全部捐赠。去了北京的认为，从眼前考虑，只要有机会，先捞一把再说。去了上海的认为，见人充分展示自己的优势，甚至有点言过其实；行动迅速，凡事做了才知道。去了北京的，见人爱诉说自己的贫穷和无奈；说得多，干得少，抱怨得多。去了上海的，对钱永不满足，钱是越多越好。去了北京的，随遇而安，够吃就行了，要那么多钱干吗。去了上海的认为，脑筋一换就有钱，没有就会想方设法去赚。去了北京的认为，手中无钱，比登天还难，等有钱再做。

·心得·

人穷主要是穷在观念、输在态度、败在方向上。正因为观念穷，他在繁杂的社会生活实践中，看不到生活的曙光；在困难面前没有奋起抗争的勇气，甘愿过苦日子，缺乏进取奋进的精神。一个人之所以富，首先是他在观念上富有，有敢为人先和与自然、与命运抗争的精神。在观念上贫穷，他就抓不住生活中好的机遇，常常与财富擦肩而过。而观念上富有的人则反之，财富在他面前聚停。

第三章

The third chapter

左右逢『缘』

——互送一颗快乐心

困难时，光靠朋友还不够

——善待陌生人

现代社会，
我们认识的人越来越多，
我们拥有的朋友似乎也很多，
可当我们遇到困难时，
发现能帮得上忙的朋友很少。
愿意帮的却没帮的能力，
有能力帮的又不肯帮。
也许别人出于自我利益的考虑，
会让我们感到世态人情的炎凉。
有时我们会置身陌生的地方，
心灵孤独得不知路的方向，
陌生人的关怀和帮助，
就像深夜独行忽见灯光，
胸口那样的温暖。

中北大学吧上有署名为“路在脚下”写的一篇帖子，其中有几段文字深深打动了我：

你有过走夜路的亲身感受吗？

夜像浸泡在墨汁里，装扮神秘恐怖的颜色。坚硬、细密的雨点像从天而降的钉子，在大地上耀武扬威，雨声使昏黑的夜向远方漫延。脚下是泥泞的小路，只有你一人在茕茕的路上蹒跚行走。寂静像孤魂野鬼从四面八方向你扑来，吸附在你前进的脚步声里。在这漆黑无边的雨夜里，你前进的脚步还活着，路永远在你脚下。

假如，你身后有一束微弱的光亮切割黑暗的铜墙铁壁，给你指引一条看得清前方的路；假如，你的身后飘动一缕安慰的身影陪伴你的孤独——这个人，我们也许还不熟稔，但我们可以相互搭讪、激活这孤独寂寞的空间。孤独寂寞，是生活空间被雨水淋湿的污泥，铺展你必经的路上。这些孤独寂寞并不可怕，但真正的孤独寂寞来自那些居心叵测的人算计的牢狱；魍魉小人画地为牢的囹圄，那是对灵魂含沙射影的折磨与摧残。

我相信，有很多人都有过深夜独行的经历。甚至是日常生活中，我们都难免会感到孤独。哪怕鲁滨逊飘流在荒岛上，还有一个礼拜五和他做伴呢！人需要伙伴，和植物需要阳光和水一样重要。

深夜独行，如果，在背后的漆黑中，能够有一个路人、有一盏明灯，尽管只是萍水相逢的陌生人，但你将不会再有那空空荡荡的心悸。

记忆永远是明亮的眼睛，挂在岁月的瞳孔上。

我有过这样的一段独行的经历，尽管不是夜里，却依然让我至今铭记。

大学刚刚毕业的我，工作找在山东莱芜。山东我从没去过，我这人生来又有点木讷，怎么去呢，我心里是很忐忑的。

火车上拥挤，混乱，闷热。那天下午三点时，终于来到了泰安，我背着沉重的行李站在站前广场上，看着这个烈日下的城市，一瞬间有些恍惚。打听了一下才知道，要去的地方其实离泰安还有很远的路，要坐长途汽车才能到。

我穿过站前广场，向公交车站走去，找了半天没有找到我要坐的车。想到书上教导的，鼻子底下就是路，我开口问了经过我面前的一对小女生，她们看起来似乎是附近某个学校的学生。女孩子很热情，站在大太阳底下听我讲话。商量了一会儿，其中一个对我说：“我们带你过去吧，那趟车不是在这里坐，比较远。”她们带着我又原路折回去，一直送到车跟前。我很真挚地对她们说谢谢，同时掏钱准备上车，却发现自己的钱包居然不见了。那里边没有多少钱，身份证、银行卡都在自己随身的包里，损失不大，只是这些钱都是准备的路费，现在我身上都没有一点现钞了，而车又快开了。正准备离开的女孩子看见我左右摸索，关切地问是不是丢钱包了。我点了点头。这个善良的女孩子立刻比我还着急起来，忙问丢了多少钱。当知道损失不大，只是缺坐车的钱的时候，她们居然笑了，其中一个掏出钱包，给了我20块钱。

这时，司机摁喇叭猛催，我只得上车。车启动时，隔着车窗，我看见她们友善地朝我挥挥手。司机问我，那是你朋友吗，也不知道长话短说，都等你半天了。我笑笑，忽然觉得她们真的就像我多年的老朋友，即使我连她们的名字都不知道。她们简直是天使。

一直以来，母亲常教导我不要跟陌生人多讲话，陌生人说不定就是大尾巴狼。广播电视报纸上的许多故事都说明，母亲说的并没错。可是，那两个女孩子的微笑和挥手，让我异常地珍视陌生人的善意，我似乎一瞬间就不再那么木讷了，这使我想起了另一段往事。

上初中那年的一个夏天，和邻居的小伙伴去山里采蘑菇。夏天就是怪，本来是万里无云的好天气，冷不防就成了个女大十八变的小姑娘，一下就跟你翻了脸。

快到目的地了，狂风突起，黑压压的云彩像个爪牙乱舞的巫婆，将凶残的脸孔向我们逼近，我们都差点窒息。紧跟着，三声巨雷之后，玉米粒大的冰雹铺天盖地地砸了下来，身上被击打得很痛，心里相当害怕。

我们没有任何避雨的工具，也没有避一避的场所。片刻间被冰雹整得连半个字都说不出来。

对面倒是有个山村，可离我们还有两里多的路，根本无法在短时间抵达。好在冰雹下的时间不长，一会儿就成了雨，但我们全身上下湿透了。雨也没下多长，十分钟之后停了，但没出太阳，天阴沉着脸。这时还刮着风，尽管是夏天，我们还是感到很冷。

大家商量过后，决定先到对面的山村把衣服烤干。不然，实在太难受了。

幸运的是，我们才到村口，被一个大妈看见了。她知道我们是外村人，问我们是不是来采蘑菇，便热情地邀请我们去她家把衣服烤干。我们很是感动。无论怎样，我们这样打扰人家，还是觉得有点不好意思，连连称谢。

大妈说，你们客气啥，这都是应该的，指不定我们或我的子女们哪天在外面也需要别人这样小小的帮助呢。出门在外，都是人帮人，有时光靠朋友和熟人还不够。大妈爽朗地笑着。

听到这位素不相识、也许再不会见面的女主人讲这样一席话，我们还没怎么烤火，就觉得全身暖洋洋的。

大妈的话是完全有道理的，推敲一下，陌生人也许就是这样被联系起来的。虽然确实有大尾巴狼，可是抗拒陌生人实在是种愚蠢的做法。也许你会说你有的是朋友，困难的时候靠朋友就行了，但是你的朋友总不会多过陌生人，何况在需要的时候未必就找得到朋友，可是陌生人时时都在。

遗憾的是，不知道从哪一天、从哪个人开始，我们忽然感到人情冷漠，我们都异常警惕，可受惩罚的却变成了整个社会和参与其中的每一个人。人们只好紧紧地裹着自己的盔甲，活得越来越不自在。我们说出门靠朋友，可在这追求物质的社会，朋友也越来越少，陌生人却越来越多，这能怪谁，只怪我们都用自己的盔甲把别人拒之于千里之外。

· 心得 ·

那些曾经帮过我的陌生人，虽然在我的世界里只有片刻的停驻，却将他们生命灿烂之花的芬芳留给了我，让我在以后的成长岁月里用心呵护，用情回味，用爱感恩。

而今，我的身边每一天都会晃过一些陌生的笑脸，在他们需要帮助时我总是快乐地伸出友好的双手。

只因为曾经许多人用他们的善良告诉我，与我们擦肩而过的陌生人都是跟我们生命有缘的人，也是我们的兄弟姐妹。

记住，手上有你的态度

——手是你的一张脸

山间的一滴水也有生命的波浪，
空中的一缕风也能燃起一团火，
地上的一朵花也有春天的颜色。
再小的东西也能从中看到大的苗头。
有人甚至认为，
无所谓大也无所谓小，
从生命的意义去看世界，
大象和蚂蚁的大小都一样。
因此，对大对小都得重视。
手在身上的位置不是最高，
但它却跟高高在上的脸一样重要，
因为你脸上的态度也会藏在手上。
我们应当把快乐的心情写在手上，
为别人掬一片温情。

心理学家告诉我们，人除了嘴会说话以外，身体的其他部位其实更会说话。人际专家和心理学家们称其为身体语言，是指人们身体部位做出表现某种具体含义的动作符号，也是利用人的身体姿势的变化来传情达意的语言。

很多时候，一个人的个人情感是通过身体语言来体现的。有时即使对方不说话，你也可以凭借他的身体语言来探索他内心的秘密，对方也同样可以通过身体语言了解到你的真实想法。人们可以在语言上伪装自己，但身体语言却经常会使他们“原形毕露”，他不经意的一个手势、一个眼神都有可能留下蛛丝马迹。

- 文学作品中的“手语”

《孔雀东南飞》中，刘兰芝被婆婆逼迫与丈夫焦仲卿分离，悲苦的丈夫送哀伤的妻子上路时是“举手长劳劳，二情同依依”。夫妻俩久久举着手，怅惘若失，依依不舍之情溢于言表。

在孙犁的《荷花淀》中，当水生嫂知道丈夫明天“就到大部队上去”时，她的“手指震动了一下，想是叫苇眉子划破了手，她把一个手指放在嘴里吮了一下”。这一传神的细节，细腻地刻画了水生嫂复杂的心理活动：丈夫要到大部队上去，这是她意料之中的，但“明天”就走，又出乎她的意料。这一消息使她内心震动，使她几乎难以自持，但最终又能够自持——把一个手指“放在嘴里吮了一下”，迅速稳定了自己的情绪，不让丈夫看到自己的依恋与担忧。

著名作家方纪在《挥手之间》一书中描写毛主席在机场面对送别群众的挥手，可谓经典。飞机起飞时，笔墨在主席和欢送人群之间来回跳荡。“主席伟岸的身形，站在飞机舱口；坚定的目光，望着送行的人群；宽大的手掌，握着那顶深灰色的盔式帽；慢慢的地举起，举起，然后有力地一挥，停止在空中……”

一个特定的、历史性的动作，一个不经意间挥洒的大气磅礴的动作，这两个“细节”是毛主席在重庆谈判这个历史转折关头给人们留下的深刻印记。一代伟人的伟大性格和雄才大略由此可见一斑：毛主席在历史的转折关头大无畏的革命胆略和气度恢弘的领袖风采，以及领袖和群众之间息息相通的深厚情感。

· 现实中关于手的故事

小时候，父亲经常讲我表哥的故事。表哥学历很低，为人忠厚，不善言辞，在农活上是一把好手。可在感情上，他的手，差点毁了自己的婚姻大事。女大当嫁，男大自然当婚。表哥让我爸保媒，帮他找个媳妇。表哥相貌堂堂，性格也好，女方家能接受，事情进展得还比较顺利。可就是一次与女孩的父亲接触时，他手拿一个苹果，还在老远处就扔了过去。女孩父亲措手不及，没有接住，苹果在地上骨碌碌直滚。当时，很多人都在现场，包括女孩也在，有人忍不住笑出声来。事后我爸批评他，他说跟朋友就这样。我爸训斥他："刚才是跟你朋友吗？"就因为这件事，表哥的婚事陷入了僵局。好在事后，经很多人的劝解，加上表哥的道歉，他才娶到了那个女孩。

不要轻视这双手，你的一举一动将影响你的人生。

20世纪有一位颇富盛名的艺术家杰米•杜兰特，当时许多单位都想邀他去演出，但杰米无法每家单位都去。由于盛情难却，他答应为一家单位进行一段几分钟的独白。然而，出人意料的是他做完了独白并没有走，竟一直连续表演了半个多小时，然后向观众深深地鞠了一个躬，才缓缓下台。

这时，有人冲上去拦住他，问："我以为你表演几分钟就离开呢，这到底是怎么回事？"

"本来，我是打算要走的，可是当我看见第一排的观众时，便决定留了下来。"

原来，第一排坐着两名男观众，他们两个在"二战"中都失去了一只手，一个是左手，另一个是右手。但他们配合默契，用自己的一只手有节奏地去敲打对方的那只手，拍得是那样的响亮和开心。

· 你正在交往的人，会读你的手

在一个轻松的场合，一个陌生人向你敬酒，你注意到了吗？有人是双手捧着酒杯。其实，不须看别的，单凭这双手，就可读出对方的修养、尊重和真诚。

玫琳凯•艾施，本是一个普通得不能再普通的名字，之所以能够作为世界知名的化妆品品牌而家喻户晓，竟然是源自玫琳凯对握手感悟和梦想。

发达之前，那时候的玫琳凯跟我们一样，只是一名普通的推销员。

有一次，销售经理召集大家开会。由于经理在会上的发言非常鼓舞人心。会议结束时，大家都希望能同经理握握手。

当时，参加会议的员工很多，玫琳凯排队等了好久，才轮到她与经理见面。

可经理在同她握手时，连瞧都不瞧她一眼，只是用眼去瞅她身后的队伍还有多长。

在玫琳凯看来，经理根本就没意识到他是在与谁握手。善良的玫琳凯知道他一定很累，可是，自己也等了这么长时间，同样也很累呀！

这个世界上，人人都渴求被别人尊重。当自己尊重他人时，反而得到了别人的毫不在意，这是一件多么糟糕的事情！尊严是人类不可糟蹋的东西。有位哲人说："人受到伤害有种种不同，有的是在皮肉上，有的是在骨头上……然而最强烈的、最持久的则是在个人尊严上。"

自尊心受到伤害的玫琳凯暗下决心："如果有那么一天，有人排队等着同自己握手，那我一定要把注意力全部集中在站在面前同自己握手的人士身上——不管自己多累！"

凭着这样的决心，她不断地用爱和尊重去握化妆品专家的手，去握广大美容顾问的手，并最终创建了闻名世界的玫琳凯化妆品公司。

如今，玫琳凯经常要同数百人握手，而这一过程往往持续好久好久。不管有多累，她总是牢记自己当年所遭受到的冷遇，她总是公正地对待每一个人。如有可能，她总是设法同对方说点亲热话，比如"我喜欢你的发型"或"你穿的衣服多好看"，等等。在同每一个人握手时，她总是全神贯注，不允许任何事情分散了自己的注意力。

玫琳凯的握手，使得跟她握过手的人都觉得自己是世界上最重要的人。

·心得·

做过很多事，遇过很多人，看过很多脸，你是否在意这双手呢？你是否注意过，别人是怎样用手表达心情的？你是否懂得用手去表达尊重与关爱？

当今社会，你可能会在乎别人的言语、脸色、体态与笑容，但却忽视了自己这双手的姿势。别小看这双手，尽管它只是一个细节，但足以成为一种态度。表面上看，手的功能就是取物、握手、进攻……其实，我们的灵魂，甚至成功的密码都在上面。

读刘墉两篇佳作里的人情世故

——与其抱怨别人的冷漠，不如反省自己的态度

交友的秘诀是主动，
不要老等别人先开口，
今天主动跟他打声招呼，
明天可能就成为朋友。
如果需要朋友，
就先成为别人的朋友，
如果别人站得远；
那你就走近；
如果别人冷漠，
那你就动之以热情。
怎样移动富士山？
方法其实很简单：
山不过来，
我就过去。

古人说“春风不度玉门关”，那是因为地理环境的缘故。对一个人而言，春风停留在你的心门外，难以驶入是因为心理环境的缘故。

· 感悟刘墉的《嗨！你好吗？》

刘墉有一篇《嗨！你好吗？》的文章，写得很好。文中的“我”见邻居的孩子在门口，便叫“你”出去打个招呼，可“你”认为“不是很自然地碰到”，这样会不知有“多冒失”；“我”则认为“你不喜欢矫情”是对的，“但你也要知道人与人相识，除了自然的缘分，更有许多创造的机缘”，再说大家迟早要认识的，“早一点对他们说声‘嗨’”，又“怎能说是造作或矫情呢？”在当今社会，多认识一个人是有好处的，也许你没钱没势，甚至连才也没有，但只要是一个受人欢迎的人，那有钱的人会帮你出钱，有势的人会为你效力，有才的人会向你献技，最终你也能获得不小的成就。多一个朋友，多一条路。换句话说，能与众人结交，也是一个人的才能。

把握契机，总比等待自然机会要好，我们应当对他人主动、热情点，对他人的感觉要敏锐点。中国有句俗话说“见面三分情”，其实，世界上有哪个国家不注重人情呢？既然当今社会更是一个“人与人”的社会，为什么不在情感银行里在自己的账户里多积蓄一点情呢？一个人多敏锐一点，多热情一点，多主动一点，也许一句简单招呼，就像“嗨，你好吗？”这样的，可能会使你没有同车船上的人错过，甚至八竿子打不着的人也会由此相识。

大学毕业后，我到了一家国企工作。大家都住在单位宿舍，可下班后，人们一进屋就把门紧紧关上，我也一直没有机会与他们结识。

对此，我很是感慨，有些人连自己的邻居都不认识，却对世界上到底有没有外星人关心得要命。我不知道邻居是不是这样的人，但我们真的是不认识。

终于有一天，我主动敲开了一扇紧闭的门，对方很吃惊：“有事吗？”

“没什么，就想跟你们认识一下。”于是，我们进行了轻松愉快的谈话。后来，通过主动敲门，我又认识了几户人家。

就在大家都彼此熟悉之后，也都不再关着门了。当然，要是关着门，那表明这家人外出去了。大家都开着门，交往也方便了许多。记得有一次闲聊时，我问：“你们以前为什么总是关着门？”对方笑道：“你不也一样老关着门吗？我们也想找你，可是……”

原来是这么回事！

人与人的交往中，别人也是你的一面镜子，他们的行为也反射了我们自己。许多时候是你自己关着自己的门，别人也只好关着门。像刘墉先生文中所说的，邻居家的小孩在你家门前玩耍，小孩的家人也想和你交往啊！他们都已经向你开了门，小孩就是对你送出的一个友好信息。

可你呢？你给予别人好感了吗？你打开自己的门了吗？是不是你总把别人挡在门外？打开门并不难，一个微笑，一声招呼就能传递友好的信息，表现你渴求交往的愿望。

敲开一扇门需要的是勇气，给别人开一扇门，凸显的是你的坦诚。

不要犹豫，不要徘徊。快打开门，让春风吹进来，你才会感到春天的温馨，这里的世界和外面的世界，连接在一起后，我们的世界会变得更大，更精彩！

我最近在报上看到这样一个故事。他家的隔壁刚搬来一对老年夫妇，可能是代沟的缘故，他们很少往来，偶尔在阳台上晾衣服时会打声招呼，但仅此而已。今年春节期间，大约是正月初二，他听到叩门声，以为是朋友来拜年，打开防盗门一看，是个陌生的女士。显然她看出他的尴尬，便很快自我介绍说：“不好意思，我是对面家的女儿，今天回娘家，可不可以借给我一根葱？……希望我们能成为好邻居。”

原来，人家是要通过一根葱来加强彼此往来，他有点惭愧，按理他这个晚辈应主动与邻居老夫妇拉近关系，想不到他们的女儿捷足先登，而且这种方式非常简单，却很温暖。关上门坐在沙发上感慨一番之后，他便把两个小孩叫过来：“记住，以后你们每天都要和对面的老爷爷老奶奶说话，或者请他们讲故事。”

接下去的日子，他发现很多不同寻常的变化：放在门口的袋装垃圾常被人先提走了；邻居把最美最香的花移到离自己家最近的阳台上摆着，风吹着窗帘，袭来阵阵花香；他们白天不在家时，对面邻居的门一整天都开着，显然他们“顺便”帮他家看门……

这个故事也让我深深感到人心都是肉长的，好人可以遇见，但更多的是你通过努力而打造的，这打造的第一步就是：打开你的心门。

•再悟刘墉的佳作

刘墉先生还写过一篇《心墙》的文章，也是让我感慨良多。

小时候，我家四周是一片空旷的田野，我常站在田埂上对别的小朋友说：“田间的那栋房子就是我的家，这块田是我家的院子，你们随时都可以到我家来玩。”

七岁的时候，我搬进城市，院子变小了，四周种了些七里香当做围墙，我常跟邻居的孩子们在树墙间穿来穿去地玩耍，我说：“我家的这道墙，处处都有门，随便你们进出。”

十岁的时候，家里把树墙除去，改建了一堵砖墙，墙不高，所以邻居小朋友们常站在墙外的垃圾箱上跟我聊天，有时他们的球不小心掉进来，就自己爬墙过来捡。

十二岁的时候，母亲把墙加高了，并在顶端砌上尖尖的碎玻璃，她说：“现在人心坏了，总要防着些。”但我觉得自从墙加高之后，院子里的阳光变少了，感觉院子也小多了。

二十六岁的时候，我们搬进一栋公寓，除了窄窄的一个阳台，根本没有院子。我们在门上装了猫眼，有人来访，总先看看是谁才开门。

二十九岁的时候，我单独到了纽约，住进一栋大楼的套房，连阳台也没了。朋友来，我非得在电话里问清是谁，才敢按钮请他进来。

三十年来，由没有墙的大院子，到没有院子只有墙，这不仅是住的改换，也是心灵的变化。

幼儿时，我的心是开的，要进来的人随时可以进来，我从不加阻拦。

少年时，我心外筑起高高的墙，但是在墙里仍有我可爱的院子，虽然阳光少些，我依然可以在其中玩耍。

青年时，我心里的小院子也被剥夺了，而不得不从“小洞”看每位来访者。

现在，我到达这个世界上最热闹、最繁华，也最进步的城市，我的心却像放在一个小小的密封的盒子里，虽然别人夺不走，我却也见不到和煦的阳光，吸不到新鲜的空气了。

我多么希望能再回到儿时的那片田园，让千顷的稻浪，作我的心墙，让人们在我的心墙里收割，把我的心墙当做他们的食粮。

我多么希望在拥有儿时的天空，那是一个又宽又大的天空，不为浓烟所遮蔽，不被高楼所侵夺。

我多么希望再有儿时的田埂，它虽然又窄又小，但四通八达，每个孩子都能通过它，进入我的家。

如果我不能再拥有那么开阔的心墙，也请赐我一个七里香的树墙吧，让我的花香飘溢四方，让小朋友随意穿梭，因为我实在不喜欢那些只会隔离人与人的“钢筋水泥的围墙”。

有墙的大院子，到没有院子只有墙的家，我们生活的越来越好，越来越富裕，这，似乎很好。

这篇文章说的是，过去我们很穷，城乡的房屋差别不大，随着生活居住条件的发展，人们的防盗方式也在变化着，起先是在院子里筑起了墙，后来又在墙头插上又长又尖的玻璃块，再后来又在家中安装了防盗门、防盗窗。

表面看是我们的居住环境在变，实际是人心在变，变得相互猜忌，变得人情冷漠，变得不再友好信任。我们如同关押囚犯一样，把自己关在了重重的钢筋水泥里。

过去人们很穷，住的是大院落，没有高高在上的围墙，门也是热情地敞开着，从不设防，谁家有个好吃的，就上门邀请，平时一有空就互相串门，邻里之间，一片快乐、动人的交响曲。那时我们的心墙，就像刘墉先生所写的：七里香树墙，纯真地欢迎每个人进入自己的心房。

可如今呢，在一栋楼里住了多年，甚至还不认识；即便认识，关系也很平淡；有时看见了假装没看见；偶尔碰面了也是客套式的招呼。不再有心灵的交流，不再有七里香般的醉人欢笑。

如今还有一种现象，城乡差距扩大，城里人富了，又向往世外桃源，郊外自然的纯朴生活。这几年流行起了乡村游。而农村还比较贫穷，人们又羡慕起城市人的富裕生活，纷纷进城打工，拼命挣钱，有了钱，普通的宅院又筑起了高高的墙……。

或许一切都应了那句话：“城外的人想进来，城里的人想出去。”

·心得·

如果你读过刘墉的这两篇文章，也许你和我都会有这样的感受：

在高楼林立的现代都市中，人与人之间的距离好像是越来越远了。也许大家都会问，在钢筋水泥筑起的繁华城市里，拿什么才能叩开人们紧闭的心门？我想，文中自有答案，其实你心里也有答案。问题的第一步，也是关键的一步，我们真的是否愿意打开自己的心门。

记住这样的话，使自己强大的方式，一是增加知识与能力，二是增加朋友。金钱，不是永远的财富，朋友却是永远的财富。

其实“人”字本身就是一种相互支撑，而绝对独立于世的人是不存在的，著名的鲁滨逊还有个“礼拜五”呢。

允许别人的反对

——别人的反调也是你进步的力量

世界上不存在完美的人，

世界上不是以谁为中心，

你喜欢的，

总有人不喜欢；

你支持的，

会有人反对；

你坚信无疑的，

会有人质疑重重。

你千万别把这些人当做怨恨的目标，

而应当做警醒的对象。

这些人会给你带来威胁，

也能激发你的潜能。

记住，

别人的反调也是你进步的力量。

俗话说，顺着好吃，横着难咽。世人大都不喜欢别人跟自己唱反调。普鲁斯特不一样，他坚持自己的观点，但也允许别人反对。

普鲁斯特是18、19世纪之交的一位法国的药剂师，长期从事药物的研究和实验。他根据数次实验的结果，得出这样一个论断：每种化合物，不论它是天然存在的，还是人工合成的，也不论它是用什么方法制成的，它的组分元素的质量都有一定的比例关系。这就是著名的定比定律。换成另外一种说法就是，每种化合物都有一定的组成，所以定比定律又称定组成定律。

举例说明，不论用何种方法或从何时何地取来的二氧化碳，其中碳和氧的质量比总是3∶8，它的组成总是含碳27%，含氧73%，这是因为二氧化碳是由一个碳原子和两个氧原子组成的，碳和氧的原子量都是定值，所以在二氧化碳中，碳和氧的质量比总是确定的值。

然而，定比定律一经提出，即遭到了当时法国化学家贝索勒的激烈抨击。普鲁斯特并不妥协，依然坚持自己的发现。他俩也成了一对论敌，进行了长达9年之久的唇枪舌战，谁都不肯相让。最后，以普鲁斯特的胜利而告终。

但普鲁斯特并未因此而得意忘形，瞧不起对方，甚至，他还真诚地对曾严词反对过他的论敌贝索勒说：“老朋友，要不是你一次次的质疑，我是很难把定比定律深入研究下去的。”同时，他特别向公众宣告，发现定比定律，贝索勒有一半的功劳。

·心得·

允许别人反对，不计较别人的态度，而充分看待别人的长处，并吸收其营养。这是一种爱的智慧，一种美丽的宽容。

有一首小诗这样写道：“学会宽容／也学会爱／不要听信青蛙们嘲笑／蝌蚪／那又黑又长的尾巴……／允许蝌蚪的存在／才会有夏夜的蛙声。”

很多时候，我们的观点即便是正确的，也未必能够得到所有人的赞同。

对此，我们最好的做法就是宽容，允许反对的声音存在。即使我们一时难以做到如普鲁斯特一样成为一泓深邃的湖，我们起码可以做到如一只青蛙去宽容蝌蚪一样，让温暖的夏夜充满嘹亮的蛙鸣。我们面前的世界不也会多一份美好，自己的心里不也多一些宽慰吗？

诚然，那些工于心计、心胸狭窄的人可能会暂时占得许多便宜，或阴谋得逞，或飞黄腾达，或春光占尽，或独占鳌头……但不要对宽容的力量丧失信心。宽容所付出的爱，总有一天会得到应有的回报。

总有人喜欢你，总有人不喜欢你

——做人不要太绝对

做人不要太绝对，

主观意志是这样，

客观事实往往是另外一回事。

凡事总是想当然，

只朝一个方向走，

人生路上肯定会栽跟头。

改变自己很难，

改变别人不易，

人生的许多问题往往错在自以为是。

保持顽固偏激的自我，

会钻进生活的死角。

有人说，人是一种非常主观的动物，很容易就自以为是。这话是有一定道理的。在网上看到过一篇署名为邓海建写的文章《记住，总会有人喜欢你》：

几年前有那么一段时间，我去苏北的一个小镇支教。有一个小男孩，一直安静地坐在靠窗户的地方，眼望着窗外空荡荡的天空。他的伙伴私下里告诉我："他是班级里成绩最差的一名学生，没有人喜欢他的。"

一天下午，他迟到了，裤管、袖口全是泥，左手上还有一个鲜红的小口子。他犹豫了半天，就是说不出迟到的理由。"既然迟到，先站到教室后面去听讲！"这是我第一次"体罚"学生。下课后，我推车回宿舍，竟然发现车篓里多了一堆橘子，还没想出是谁的好心，就被大家瓜分了。

那次之后，他又打了一次架。我更生气了。

有一天，他终于忍不住来问我："老师，你是不是不喜欢我？"我说："是的，又迟到又打架，没有人会喜欢你……"哪知我话还没说完，他就走了。

第二天体育课，练单杠时，他摔伤了，躺在地上死活就是不肯去卫生所。班上的"机灵鬼"找来了他的爷爷。爷爷连声问"要紧不"，他撒娇地说不疼。我说，还是去看看医生吧。他终于骄傲地回了我一句话："不要紧，爷爷会喜欢我的。"我愣了。

在办公室，他爷爷问我："你就是那个外地来的老师吧？毛毛说你的课上得好，他很喜欢你的。我种了几亩橘子，前几天，他搬了个小凳子去摘，还被划了道小口子……"我忽然觉得自己犯了一个天大的错误。

以后上课，我一直"讨好"他，他还是对我爱理不理的。临了，我要走了，他哭得一塌糊涂，他还给我写了一封长长的信。我从中知道了这个为我摘橘子而迟到的孤儿，知道了他赌气故意摔坏自己证明这世界还有人真心喜欢他……我忽然觉得这封信是我这一段时光最大的感动和最深的遗憾。

他说："无论老师喜不喜欢我，我都喜欢你的课。"信的末尾是这样一句："老师，记住吧，总会有人喜欢你的，就像爷爷喜欢我一样……"

生活中，面对不够优秀、名声不好的人，我们往往会有抵触情绪；当自己身体有缺陷、长相平庸，当自己贫穷、地位低下时，又会自惭形秽、瞧不起自己，甚至认为别人也不喜欢自己，到处是鄙视的眼睛。其实，这个世界上，总有人喜欢你。我们每个人都要相信自己、相信他人，好好生活。

现实生活中，还有这样一种情况：当你功成名就，你可能会暗自得意，认为世界到处都是鲜花和掌声。可事实是否真的如此？

一位时下走红的歌星应中学时代老同学的邀请，回家参加聚会。这次回来他带来了许多张自己的新专辑，而且很认真地在封面上签上了名字，准备送给向他索要新专辑的同学们。

这位歌星出了家门，打的去酒店。司机是一个40岁左右的男人，问清了目的地之后，就一言不发了。这让歌星多少有些失落，在老家竟然连出租车司机也不认识他！到了酒店，车费是18元。歌星没有零钱，就拿出一张100元的，可恰巧司机手里也没有足够的零钱。歌星今天心情很高兴，就说不用找了，他想司机也不容易，再说这地方还是他的家乡。

可是司机坚决不同意："这绝对不行，我带你再走一段，找个超市把钱破开。"

歌星一看时间快到了，就拿出两张自己签名的专辑。"师傅，这样吧，我用这两张我的专辑抵车费吧。"随后又问一句："您不认识我吧？"

司机很平静地答道："认识，你是干唱歌的。这次是回来看望你爹妈吧。"

说完，他一指歌碟："实在对不起，我不喜欢流行歌曲。只爱听老戏，要不，车费就算了吧。"

正在这时恰好有一位同学也刚好到酒店，替他付了车费。

这似乎是件小事，却让歌星的内心久久不能宁静。"你是干唱歌的吧""我不喜欢听流行歌曲"——这些话让歌星心灵震颤。

其实，歌星的口碑一直不错：没有绯闻，照章纳税，积极参加各种公益演出。

事后，歌星经常说："我时常记起那位出租车司机，是他教会了我：不要自以为是，生活中并非人人都喜欢你。宇宙何其大，我们每个人都是渺小的。"

假如我们都能知道这一点，向这位歌星学习就好了。可生活中，自以为是的人还有不少。

20世纪，美国有一位名叫布思•塔金顿的著名小说家和剧作家，他的作品《伟大的安伯森斯》和《爱丽丝•亚当斯》均获得过普利策奖。在塔金顿声名最鼎盛时，他经常向人们讲述他亲身经历的一个故事：

那是在红十字会举办的一次艺术品展览会上，塔金顿作为特邀贵宾参加了展览会。

当时，有两个十六七岁小姑娘兴高采烈地来到他面前，向他索要签名，态度是那么地虔诚。

“我没带自来水笔，用铅笔可以吗？”塔金顿其实知道她们不会拒绝，只是想借此表现一下一个著名作家谦和地对待普通读者的大家风范。

“当然可以。”小女孩们很爽快地答应了。显然，能够得到著名作家的签名，她们一点都不介意，而且还尤为兴奋。

见她们无比兴奋，塔金顿也备感欣慰。

这时，一个小姑娘将她非常精致的笔记本双手递了上来，塔金顿拿出铅笔，潇洒自如地写上了几句鼓励的话语，并签上自己的名字。

小姑娘看过塔金顿的签名后，眉头皱了起来，她仔细看了看他，问道：“你不是罗伯特•查波斯啊？”

“对”，塔金顿非常自负地说，“我是布思•塔金顿，《爱丽丝•亚当斯》的作者，两次普利策奖获得者。”

闻听此言，小姑娘把头转向另外一个姑娘，耸耸肩说道：“玛丽，把你的橡皮借我用一下。”

就在那一刻，塔金顿所有的骄傲像落在地上的玻璃，眨眼间就支离破碎了。

从此以后，塔金顿常常告诫自己：“无论自己多么出色，都别太把自己当回事。”

还有这样一个小故事。儿子非常喜欢吃橘子，父亲再好的橘子也不吃。儿子劝父亲吃，说橘子富含有维生素C，可父亲却说：再好的橘子我也不喜欢吃——因为我根本就不喜欢橘子的味道。

父亲的话让儿子顿悟：哪怕再好的橘子，照样有人不喜欢。人，又何尝不是如此？

自我感觉良好的时候，别忘了提醒自己：无论你怎样卓尔不群，仍会有人不喜欢你。

·心得·

一个人被社会认可与否，其实不在自己的掌握之中。你被不被别人接受，标准完全掌控在他人心中。每个人都有自己的喜好与性格，每个人都依据自己的价值标准决定是否接纳别人。因此，无论你成就了什么，都不要自以为是，因为别人还是可以不喜欢你。而一旦没有了追随者，再得意的成功者也会湮没在人群中，也不过是普通如你我的常人。同样，无论你想成就什么，都不要希望讨所有人的喜欢，因为别人有权利不喜欢你。你再圆滑也做不到令所有人满意。

记住，有人不喜欢你。纵使你的生活之路走得再顺畅，那也只是你自己的事，别人没有义务要喜欢你。你的成功只对你自己有意义，不要幻想自己成功了就可以胜人一筹。

记住，别人不喜欢你，不意味着你的失败。即使你遭遇挫折，不为他人所接纳，也不必灰心。其实不管有人喜不喜欢你，你都要努力让自己喜欢自己。

记住，这个世界总有人喜欢你，也有人不喜欢你。成功时不要得意忘形，不顺时也不要妄自菲薄。只有这样，你才能拥有一颗宁静的心，一颗智慧的心，一颗快乐的心。

从木雕到做人做事

——凡事留有余地

有句谚语：
“人情留一线，
日后好见面。”
有句俗话：
“过头饭不可吃，
过头话不可讲。”
做人做事要懂得留有余地——
人与人之间太亲近就会习以为常，
产生怠慢的感觉；
人与人之间不留空间就会使对方窒息，
产生糟糕的结局。
距离也是一种保护，
适当的距离才能产生美。

一直觉得木雕只不过是一种艺术，顶多可用于装饰、装潢、美化环境，让人欣赏欣赏罢了。接触多了，才觉得自己太肤浅了。木雕是雕塑的一种。中国的木雕历史悠久，早在新石器时期，距今七千多年前的浙江余姚河姆渡文化，就有了雕鱼。秦汉时，中国的木雕艺术日趋成熟。

· 木雕中的人生智慧

韩非在《说林•下篇》中写过这样一段话："桓赫曰：'刻削之道，鼻莫如大，目莫如小。鼻大可小，小不可大也；目小可大，大不可小也。'举事亦然，为其不可复者也，则事寡败矣。"

这段话讲的是工艺木雕的要领，首先在于鼻子最好是大一点，眼睛最好小一点。鼻子雕刻大了，还可以改小，如果一开始便把鼻子给刻小了，就没有办法补救了。雕刻眼睛也一样，初刻时眼睛要小，小了还可加大，如果刚开始雕刻时，就把眼睛弄得很大，后面就无法缩小了。做事也一样，凡事要留有余地。

简言之，雕刻之道，就是留有余地。留有余地，才能做到均衡、对称、和谐。在这一点上，就连我们身上的五官布局，也都留有相应的余地。双眼的布排与眉毛的错落，耳朵生长于头颅两侧，大小高低不差。再来看四肢、七窍，也都分布得非常均匀。

留有余地，才能做到进退从容、曲伸任意。有句谚语说："留得肥大能改小，唯愁脊薄难复肥"，"内距宜小不宜大，切记雕刻是减法"。

· 在人际交往中留有余地

做人也是同样的道理，大家都说："适当的距离是一种美。"人与人之间保持相应的距离，才能避免摩擦和纠纷。

在人际往来中，一定要留有余地，这才有足够的回旋空间。弓满易折，水满自溢，月圆则亏。人们常说天无绝人之路，就是说连上天都会为每个人留有转机，留有选择的余地。懂得这一点，我们才能做到进退从容、曲伸任意。

那在人际交往中，怎么留有余地呢？

为人处事，常留三分，为他人设想；尚存几分，自品思量：

知人不必言尽，留点余地与人，便是留些口德与己；

责人不必苛尽，留点余地与人，便是留些肚量与己；

才能不必傲尽，留点余地与人，便是留些内涵与己；

锋芒不必露尽，留点余地与人，便是留些深敛与己；

有功不必邀尽，留点余地与人，便是留些谦让与己；

得理不必抢尽，留点余地与人，便是留些宽容与己；

得宠不必恃尽，留点余地与人，便是留些后路与己；

气势不必倚尽，留点余地与人，便是留些厚道与己；

富贵不必享尽，留点余地与人，便是留些福泽与己；

凡事不可做尽，留点余地与人，便是留些余德与己。

这段话告诉我们，在人际交往中，话不可说满，事不能做绝，这才有足够的回旋空间。

闽南话中有一句俗语说的是：“人情留一线，日后好相见。”言下之意是，与人相处，凡事不能做绝，那以后不管在什么场合见面，都不会感到难堪尴尬。

一般性的讲话都需要留有余地。批评人需要讲艺术，便是给人留下改过自新的机会，而表扬人时留有余地，便是给人留下继续进取的动力。

在待人方面，答应别人时，注意使用“模糊语言”，以便自己赢得主动；在拒绝别人时，不妨先拖延一下，最好不当面拒绝，答应考虑一下，给自己留点回旋的空间，以便使自己“进退有据”；批评人时，最好“点到为止”，以维护对方的自尊，此时留有余地，便是给人留下改过自新的机会；表扬人时留有余地，便是给人留下继续进取的动力；在与人争论或争吵时，切忌使用“过头话”、“绝情话”，让对方有个台阶下。

在处事方面，对一些不太好把握的事，不要轻易表态，不妨说点无关痛痒的话；对于难以回答的问题，那就先放一放，免得考虑不周说错了话自己受牵连；对那些表面看来无关大局的事，也要含蓄地处理，巧妙地避开疑难之处，以免引火烧身。另外，对于某些难以回答而又不好回避的问题，不妨含糊其辞，来一番隐晦笼统的回答，如“可能是这样”、“我也不太了解”等等，以给自己留有余地。

留有余地的故事，在古代是很多的，古典名著《红楼梦》中就有这样的例子。《红楼梦》中的平儿，虽是凤姐的心腹和左右手，但在待人处事方面，始终注意为自己留有余地，既没有犯凤姐所说的“心里眼里只有了我，一概没有别人”的错误，更不像凤姐那样把事做绝。平儿对于众人决不依权仗势，趁火打劫，而是时常私下进行安抚，加以保护。这一方面缓和化解了众人与凤姐的矛盾，另一方面顺势做了好人，为自己留下余地和退路。凤姐死后，大观园一片败落，平儿却多次获得众人帮助渡过难关，终得回报。

中国历史上，有不少古人是很懂留有余地的。

越王勾践被吴打败，沦为吴王马夫。他没有自刎，没有投江，作了个似乎不够有气节的决定：甘为人奴。但他不是沉沦，而是给自己留下了余地。因为留有余地，勾践演绎了“苦心人，天不负，卧薪尝胆，三千越甲可吞吴”的传奇。

《三国演义》里的诸葛亮最善于给他人，特别是给敌人留有余地。

赤壁之战中，他明知关羽因义气会放掉曹操，却仍派他去华容道堵截曹操，其主要目的就是为了给曹操留有余地，从而形成三国鼎立的局面。如果真的除掉曹操，刘备集团也会很快被东吴灭掉，失去生存的余地。

这就是诸葛亮的艺术和智慧。

当然，历史上也有人不懂得留有余地。

大泽乡遇雨，众人不能按期到达指定地点。严刑苛法不容有违，法令当斩。陈胜、吴广揭竿而起，中国历史上的第一次大规模的农民起义星火燎原，秦朝统治风雨飘摇。这是因为统治者的穷奢极欲，没有为人民留下生存的余地。

垓下之战，项羽兵败，经奋勇拼搏，杀出了重围。此时，长风破空，残阳如血，一声凄烈的马啸划破一望无垠的寂寞苍穹。“虞兮虞兮奈若何？”剑锋一转，结束了一个顶天立地的生命。项羽本可东山再起，可他没有给自己留下余地，于是才演绎了“霸王别姬”的悲剧。

留有余地，才能成功创造驰骋的空间。留有余地就是“三思而后行”，留有余地就是“留得青山在，不怕没柴烧”，留有余地就是“枝上柳绵吹又少，天涯何处无芳草”，留有余地就是“一颗红心，两手准备”，留有余地就是“中庸”之道，留有余地就是“大丈夫能屈能伸”。

· 在工作中留有余地

在工作中，书法家与画家进行创作，一般都会“留白”；编辑进行版式设计，一般也都会“留白”。留白，也就是留有余地，为的是给观赏者，给读者留有思考与想象的空间。

电脑的档案资料也需要备份，以防病毒攻击系统或操作不当造成丢失。

建筑楼群，要留出一些空地给绿树与阳光，给花草与空气。当然，房屋的钥匙要多备一把，以防遗失了无法进家门。

工人们铺筑路面时，每到一定的距离就要留下一条名为缩水线的“余地”，来防止路面发生膨胀而破裂。高速公路，每隔一段里程就会在路边留出一块“余地”，供出问题的车辆应急停靠检修。

工作，也要留有休息的余地。高考升学填报志愿，也要留有“第二志愿”的余地，要留有服从调剂的余地。弹琴唱歌，余音绕梁；赠人鲜花，手留余香。流水有回旋的余地，才能减少灾害；江河有涨落的余地，才不致泛滥成灾。

· 对人类的生存资源留有余地

此外，还有一点非常重要，不管是土地资源、水资源，还是其他资源，都是有限的，甚至是永远无法再生的，如果我们只知道盲目地开发、拼命地掠夺、无节制地浪费、大肆地消耗，不考虑后果，那这种生存方式会使子孙后代遭受灾难。

因此，面对大自然，要退耕还林，给树木留一份苍翠的余地；保护森林，是给自然留一份和谐的余地；保护湿地，是给水禽留一份生存的余地。

众所周知，在大自然界中，兔子也懂得狡兔三窟，留有逃生的余地。得势不忘失势，才会有后退的余地。强盛而不忘衰败，才能富有而不致破落。

对人来说，更如此。家有余粮，日子好过；日有余用，生活安稳。

·心得·

有一则寓言。一只狼发现山脚下有一个洞，各种动物都由此通过。狼非常高兴，它堵上洞的另一端，单等动物们来送死。这天来了一只老虎。狼吓坏了，拔腿就跑，由于没有出口，无法逃脱，最终被老虎吃掉。

狼的教训在于它没有给其他动物留有余地，从而断送了自己。

天空说：给白云留一个自由畅翔的空间，我能够更加高远。

月亮说：给星星留一个任意闪烁的空间，我的世界不再孤独。

人们说：凡事留有余地，给别人留条退路，也给自己开一扇窗。

老虎扑食要先退一步，这样才能借小小缓冲奋力一跃。留有余地，就是增强生命的韧性。

生活中，我们都应该学会凡事留有余地。当我们与朋友发生争执的时候，不必马上争出个你胜我负，逞一时之快，那样只会两败俱伤。不计后果，就会自食恶果；不想退路，就会走投无路。哲人说：忍一时风平浪静，退一步海阔天空；数学家说：一把钥匙不能开所有的锁，一种方法不能解决所有的问题；猎人说：我们这行最忌讳的就是在一个地方设满圈套与陷阱；工程师说：一间屋子除了一扇大门外，至少得有一扇后门或窗户。

挺起脊梁做人

——欲自强者先得有自尊

你应有同情心而不要渴求被同情，
总希望被同情的人是无能的，
时时被人同情的人生是万分凄凉的。
总希望被同情的人是没有尊严的，
尊严是靠自尊、本领和实力获取的。
一个人应当靠自信自强的方式，
去获得社会的承认，
去赢得他人的尊敬。
任何伪装的尊严都经不起时间的拷打，
不要做阳光下的雪人，
而要铸就顶天立地的金刚之躯。

一个人的心灵世界是靠尊严支撑的。不怕贫穷，就怕没有尊严。

1922年，格丽斯从加州大学表演系毕业后，独自一人来到纽约，渴望能在百老汇的话剧舞台上实现自己的梦想。她好不容易才在一家剧团争取到一个3分钟的试演机会。

当时，格丽斯是靠每周70多元的收入勉强度日的，于是决定和命运最后赌一把。参加面试前，格丽斯到了一家餐厅吃午饭，这里的价钱比一般餐馆贵了好几倍。她小心翼翼地对一脸不耐烦的女招待说："呃，还有再便宜些的菜吗？比如什锦沙拉之类的？"

"对不起，没有！我也不为乡巴佬提供服务。"人高马大的女招待高声地喊道。其他客人不约而同地抬起头看了过来。

格丽斯从容自若地站起身，微笑着说："没关系，我刚巧也不接受势力眼的服务。"四周传来一片笑声，她甚至听到有人在鼓掌。

"我也是"，坐在格丽斯邻桌的一个长着络腮胡子的大个子一边鼓掌一边说，"看来我们要另找地方吃午饭了。"他走过来很礼貌地为她拉开椅子，并同她一起昂首阔步地向大门走去。

满脸乌云密布的女招待这时才从震惊中回过神来，悻悻地对格丽斯说："从来没遇到过像你这样的家伙。"

格丽斯开心地回答道："那是我的荣幸。"然后头也不回地跨出了餐厅的门槛。

格丽斯和大个子就这样认识了。他们愉快地聊了起来。

"这么说你大学毕业了，打算干什么？"大个子问。

"嗯，我想演戏。不过我最大的问题是一张嘴观众就笑个不停，不管多惨的悲剧，只要我一说台词，不知道为什么总有人笑。"她沮丧地说。

后来，大个子去看了格丽斯的试演。令她难过的是，尽管努力，试演还是以失败告终。就在格丽斯失望地离开排练时，猛然想起了还没和大个子道别。

正当格丽斯回去找大个子时，却见他拿着一叠表格朝自己走来："格丽斯，我是乔治•贝恩姆，中午饭时我刚刚演出完，还没来得及卸装，对不起。"

说完，他取下了粘在脸上的络腮胡子。格丽斯惊讶地说："天啊，你竟然真的就是大名鼎鼎的喜剧‘新王子’——乔治•贝恩姆！”

乔治微笑着说：“我马上要去新泽西的纽瓦克巡回演出，需要一个搭档。这儿的导演是我的好朋友，让我看了你的申请表，我觉得你很合适。怎么样，要试一试吗？”

格丽斯激动得说不出话来，只是拼命地点头。

很快，她就不可阻挡地红了。一年后，格丽斯这个名字在美国已经家喻户晓。

挪威的一个年轻人漂洋过海来到法国，他要报考著名的巴黎音乐学院。考试的时候，尽管他努力将自己的水平发挥到最佳状态，但他还是没有成功。

名落孙山的他，现在身上已无分文，只好卖艺乞讨。街上行人来来往往，他在街边一棵榕树下拉起了琴，优美的琴声吸引了不少人。他拉了一曲又一曲，人们都纷纷把钱放到缸里。

有一个小混混，也掏出了钱，可是他带着傲慢的神态，把钱乱扔过去。年轻人抬头看了看，弯腰捡起了地上的钱递给那个小混混，并说：“先生，这是您掉在地上的钱，还给你。”

围观的人群，眼光齐齐射向了小混混。他接过钱，啪地扔到年轻人脚下，满脸鄙夷地说：“钱已经是你的了，你必须收下！”

年轻人不慌不忙，给小混混深鞠一躬说：“先生，谢谢您的帮助，刚才是您掉了钱，我弯腰为您捡起，现在我的钱掉在地上，麻烦您也为我捡起来！”

小混混被年轻人出乎意料的举动震撼了，最终捡起地上的钱放入他的琴盒，然后满面羞愧地离开了。

站着的人不一定伟大，跪着的人也不一定屈辱。站着做人，跪着做事，才是真正的强者。

围观者中有双眼睛，一直在默默关注着年轻人，这正是刚才那名主考官，他将年轻人带回学院，破格录取了他。

这个年轻人就是挪威著名的音乐家，名叫比尔•撒丁，他的代表作是《挺起你的胸膛》。

生活中，当一个人处于最低谷的时候，常常会遭到很多无端的蔑视；当一个人在为生存苦苦挣扎的时候，常常会碰到肆意践踏自己尊严的人。对此，不少人是采取了针锋相对的措施，可结果常常让那些缺知少德者更加暴虐。事实上，人们不妨以一种宽容的心态去展示并维护尊严，那时你会发现，任何邪恶在尊严和正义面前都会不攻自退。

·心得·

山自量，不失其威峻；海自重，不失其雄浑；人自重， 不失其尊严。《三国演义》中说："玉可碎而不改其白，竹可焚而不毁其节。"世人常说："人必先自重而后人重之，人必先自辱而后人辱之。"可见，尊严的重要性。生活中一个不懂得维护自己的人格和尊严的人是很难获得别人尊重的。相反，一个自尊、自爱、自信、自立的女人，往往具备更成熟的魅力，其言谈举止流露出的高贵气质，既为别的女人嫉妒，也更能受到男人的欣赏。这样的女人才是社会真正的"半边天"。

你经常说『谢谢』吗

——养成勤于道谢的习惯

“谢谢”有多少，
爱就有多少；
爱有多少，
“谢谢”就有多少。
“谢谢”仅仅是两个字，
一声真诚的“谢谢”，
就足以让内心充满暖意。
有时，千言万语的感恩，
都凝聚在这句“谢谢”里；
有时，词山句海的感恩之心，
都没有这句“谢谢”表达得完美！
让我们时刻怀着感恩的心，
学会道谢，
并让道谢成为一种习惯吧！

中国素来以礼仪之邦著称。可现在，很多人都不习惯向别人说谢谢。朋友熟人之间，反爱说粗话，觉得这样才显得亲热，够哥们。对于说谢谢，有的人认为它使人与人之间相处得更融洽，有人则认为它使人与人之间产生了距离感……

我无法否认，说声谢谢，会让有些人感到彼此有距离感，这是因为在现代社会，这种美好的情愫已被我们所疏远和淡漠了，我们已经很久都不习惯讲文明之语了。

大家都说要向外国学习，要同世界接轨。国外有个“感恩节”，它的设立是让人们时刻怀着一颗感恩的心。很多人只看到了人家的物质和高科技，可那些美好的做人之礼就不应该学习吗？都说做事先做人。都说，20世纪是外国高科技发展的时代，然而在21世纪，人类要想获得更好的发展，让世界更美好，就只有中国的孔孟思想能够做到。孔孟思想，自然强调礼仪，修身、齐家、治国、平天下。反过来，不修礼仪，别说治国、平天下，连家庭都会发生问题。

有这样一个女人，刚刚处理完丈夫的后事，就红肿着眼睛到单位上班了。

同事关心地询问，她就讲述了具体是怎么一回事。那天丈夫早起做了很多家务事，买回来早餐，在给孩子穿衣服的时候看到孩子尿床了，抬头一看老婆还赖在床上不起来，一时生气就打了孩子一巴掌。孩子大哭，女人指着丈夫的鼻子让他“滚”。她的丈夫一气之下走出家门，这一去就再也没有回来——原来他突发心肌梗塞，倒在了上班的路上。

她异常难过。与丈夫一起生活了几十年，她从来没有对他说过一声谢谢。在他去世以后，她才想起，自己对他说的最多的一个字，居然是“滚”。中国的语言何其丰富？为什么不能说声“谢谢”呢？而现在，想开口也已经太迟了。粗话说多了，果然是会死人的。

有位百岁老人在传授她的长寿秘诀时说到：想要长寿，一是要幽默，二是要学会感谢。从25岁结婚起，每天她说得最多的两个字便是“谢谢”。她说：“谢谢”有多少，爱就有多少；爱有多少，“谢谢”就有多少。

据《纽约每日新闻》报道，美国心理学家近日研究发现，能够心存感激，经常说“谢谢”的孩子比一般的孩子要机灵、热情、坚定、细心，情商更高，而且更有活力。除此外，这些孩子也更乐于帮助别人。

在报纸上看到这么个故事。有位男士下班坐公交车回家。上车时，他前面有一个六七岁的小女孩，背着个书包，好像才放学。她上车时没站稳，差点儿摔倒，他急忙上前扶了她一把。她一站稳，便朝他打了一个手势，也不知在表达什么，见他不懂还挺着急，原来她是个聋哑女孩。坐了一站，他就要下车了，小女孩连忙跑过来递上一张小字条，上面歪歪扭扭地写着一行字："谢谢，谢谢叔叔！"不知怎么，这位男士心头顿时一热……

一位著名的教育专家总结出教育孩子最重要的十八个字，即："谢谢，您好，对不起，麻烦您，再见，我错了，请，我们"。其中居首位的就是"谢谢"二字。

我们现在还有很多人为自己国家是文明古国，有四大发明而骄傲。我们为什么就不能为古代中国有如此美好的国学文化而自豪和传承呢?

前些年有人开玩笑说雷锋出国了，现在外国兴起了中国文化热，世界上都出现了孔子学院，这还是联合国给命名的。

外国人都在学习我们的文化精髓，我们自己还不应该学吗？近代史上，外国人利用我们祖先的四大发明打开了我们的国门，让我们百年蒙耻。现在人家又要学我们祖先的优秀文化，我们还要继续麻木吗?

懂得礼仪，常说谢谢，保持感恩，大到社会的和谐，小到我们个人的幸福，人际关系的融洽，都会有质的改进和飞跃。

对此，我也有深刻的切身体会。向他人道谢，说声挚诚的"谢谢"，竟产生意想不到的良好效果。

几年前，去乡下某小镇看望一个朋友，准备买点香蕉。因为是集市，可以讲价。我说对方要的价太高了，对方说这香蕉不会超过几斤，没多少钱。双方争执了一会儿，我跟对方打赌说，按他说的斤头给钱，就不用称了。在旁边人的怂恿下，他同意了。就在快付钱时，他忍不住用秤称了一下，发现自己吃亏了。他不住地嘟哝起来，那话有点难听。我给他两张10元的，平心静气地说："不必找零钱，都给你啦，非常谢谢你卖给我这么好的香蕉！"

他伸出手几乎是把我的钞票抢过去的。我装好香蕉后再度向他说了声谢谢，然后替他把掉在地上的一个橙子捡起来放好，但走了没几步路，他忽然追上来喊我。我为之一惊，不知道这人要干什么。他把10元钞票还给我说："不多要你的钱，收10块，够本就行了，我刚才的态度有点粗鲁，太不够男人了！"

相互推让了一会儿，他终于还是收下了那张钞票。我想，绝不是我付了超过水果的钱而感动了他，一定是我谦卑而诚恳地向他道谢，而促使他省悟。

从此以后，我把心存感恩向别人道谢，当成了一种习惯，也受益匪浅。

·心得·

谈起“谢谢”，外国人好说“谢谢”，中国人则不习惯说，真是怪。如今，有些文明一点的人能开口说“谢谢”了，可又出现了这样的情况——能够对大人说“谢谢”，却很少对小孩说“谢谢”；能够对上级说“谢谢”，却很不愿对下属说“谢谢”；能够对陌生人说“谢谢”，却不肯对熟悉的人说“谢谢”……

大声地说“谢谢”吧，这是人世间最温暖、最高贵的一个词。

记住，向别人道谢，是对别人做事的一种肯定；向别人道谢，是对别人做事的一种鼓励；向别人道谢，是对别人的一种尊重，足以代表你的真诚。

最难忘的教诲

——学会拒绝，学会说不

许多人都有这样的毛病：
为了一点身外之物，
难于说不；
为了一时的面子，
难于说不。
“不”字短短的一声，
却能把人压得喘不过气来。
做好好先生只会害了自己，
人生需要说“不”。
说“不”是一门学问，
不懂得拒绝说明你还不成熟。

一直记得这么一个故事。有人去找禅师求得解脱痛苦的方法，禅师让他自己去悟。第一天，禅师问他悟到什么，他不知道，禅师便举起戒尺打了他一下。第二天，禅师又问，他仍不知，禅师又打了他一下，转身便走了。第三天他仍然没有收获，当禅师举手要打他时，他却挡住了。于是禅师笑道："看，你终于悟出了——拒绝痛苦。"

生活中的很多人，就像这个人一样，非得这么当头一棒才会觉悟。

母亲去世后，姑妈一直照料迈克的生活。就在迈克上大学三年级的时候，亲爱的姑妈说要到学校来看望他，而且还希望和他一同共进午餐。

当时，迈克的生活很紧张，羞涩的囊中只剩下20先令。但是，他怎么能拒绝姑妈呢。幸好她还没到时，他已经找好了一家价格适宜的餐馆，在那里只需花6先令。这样一来，迈克还勉强能维持到月末。可当他领着姑妈到那时，她却说要去对面的"友谊宾馆"。他不好意思拒绝。

侍者递上菜单，姑妈竟点了一道最贵的法式鸡块，价格是7先令。迈克为自己点了一道仅需1先令的小菜。本指望能为自己留下点维持生活的费用，可现在已花了8先令。

"我们这儿还有上好的鱼子酱，味道蛮不错的。"侍者热情地介绍。

"鱼子酱！"姑妈兴奋地说，"太妙了！孩子，我要一碟，好吗？"

迈克实在无法拒绝，硬着头皮为她点了一大碟鱼子酱。然而，她还没吃完鸡块，见侍者拿着几块奶油蛋糕从身边走过。

"这些蛋糕看上去多漂亮呀！我只买一块！"姑妈说。

迈克答应了。后来，姑妈又要了一些水果。最后又要了两杯咖啡。

侍者递上清单，上面写着22先令。按规定，每位顾客还得另付1先令小费。迈克尴尬地说："我身上就20先令。"

"这就是你所有的钱？你将自己全部的生活费花在这顿饭上了！"姑妈一副惊讶的样子。

迈克点了点头。

"可怜的孩子，你太善良了，但这是很愚蠢的。当一个人长大后，应该学会对别人说'不'，哪怕是你的亲人。我早就看出你钱不够，但我想给你上这么一堂课。"说着，她付了钱，并又把5英镑作为礼物送给了迈克。

由此可见，在生活中，必须懂得拒绝，学会说"不"，否则我们还会痛苦下去。事实上，无论是在生活中，还是工作中，我们本想说“不”，但却没有说，我们就可能在同意某事或答应某人后后悔不已。为什么我们没有拒绝？我们有可能是为了取悦别人，可能是碍于面子，害怕被讨厌、批评、损害友情，可能是怕别人说自己漠不关心，甚至自私……这么一想，说“不”确实不容易。一个弱势团体，邀你参加座谈会，好难说不；一个慈善组织，邀你参与公益活动，好难说不；一个儿童节目监督，邀你一起替孩子把关，说不更难；一个读者见面会，邀你解说自己的作品，怎么说不。

面对如此众多的邀约，如果都不说“不”，除非是神仙，否则体力哪吃得消，简直把命捐了出去，但别人不见得感激你。

懂得拒绝，学会说“不”，生命才能活得轻松。

·心得·

“不”这个字，只有四画，短短的一声，却曾压得许多人喘不过气来，重重地镇住心头，像一颗百吨重的巨石，无力撼动。

学习说“不”，其实是人生的一门功课！

著名作家贾平凹说：“每个人都应有接纳于宽容之心，但也要学会拒绝。我拒绝为满足虚荣、得到金钱与地位而不惜以青春、美丽甚至感情为祭品。生活中，一条诱惑的大路在脚下延伸着，只有学会拒绝才不会步入歧途。”

向艾森豪威尔学做人

——少责备，多宽容

少责备，多宽容。

责备是把双刃剑，

既会刺伤别人又会危及自己。

不要怀着仇恨的心态来做人，

不要用尖酸刻薄的话语去对待身边的人。

每个人都有他的难处：

有时别人伤害了你，也许是有口无心；

有时别人伤害了你，可能是出于无奈。

生命的宽度比长度更有价值，

处世让一步为高，待人宽一分是福。

过多的批评指责会烦恼不断，

不如踏踏实实多做点事，

不如以包容心对待一切。

人类的生理结构奇巧地“决定”了一个道德问题：我爱自己，也需要他人爱。换句话说，你应当懂得用左脑热爱自己，用右脑去关照他人。

生活中，有时真的会比较烦，不仅你烦，他人也会烦。有时两个有烦恼的人遇到一起，倘若处理不好，会弄出更遭罪的事情来；要是处理得当，就会化解不必要的麻烦，让事情向好的方面发展。

艾森豪威尔是一个令人敬仰的统帅，同时他还是一个善于安抚他人心理的人，他曾用一颗宽容的心化解了一个士兵的烦躁不安之心。众所周知，战争一直是人类的磨难，每个善良的人都对战争深恶痛绝，战争让很多人妻离子散、家破人亡。

第二次世界大战后期，艾森豪威尔将发动一场重要的进攻战役。战前，他在莱茵河畔散步时，发现一个年轻士兵心情十分沮丧。艾森豪威尔热情地同他打招呼：“我亲爱的孩子，你好吗？”

那个士兵头也不抬地答道：“我烦得简直要死！”这不禁让人产生疑问，上级长官友好地向下属打招呼，可这个士兵竟然做出如此回答，换做我们身边的许多人，肯定会破口大骂：“战争就快打响，你怎么能一脸无精打采的苦相？”或者：“你烦什么烦，简直是个贪生怕死鬼。”

事实上，艾森豪威尔是这样说的：“嗨，你跟我真是难兄难弟，因为我也心烦得很，这样吧，我们一起散步，这对你我会有好处。”

身为一名统帅的艾森豪威尔竟没有打任何官腔，是如此的平等、如此的亲切而富有人情味，结果让那个士兵深受感动，并以有这样的统帅而振奋，后来在战场上表现得十分英勇，多次立功。

但是，口既能吐莲花，也能吐蒺藜。语言可以是比蜜还甜的东西，也可以是比毒药还厉害的东西。一句伤人的话语，会影响你们一生。

曾读过这么一个寓言。

有一位樵夫在打柴时救了一只小熊，老母熊对樵夫再三感激，不知如何报答。

樵夫一天去一个新的地方打柴，山里雾气浓浓，走着走着迷路了。碰巧遇见了母熊，母熊热情地邀请他，拿出很多好吃的东西款待他；并安排他住宿。

第二天早上，天气转好，樵夫临别时对母熊说：“你对我的招待真是太好了，但我唯一不喜欢的就是你身上的那股臭味。”

母熊一听，内心真不是滋味：“我真的难于报答你的恩情，你要是不满意的话，你用斧头砍我的脚吧。”

樵夫照做了。几年后，他们再次相遇，樵夫问：“你腿上的伤口好了吗？”

母熊说：“你说这啊。那天你砍时确实很痛，可没痛多久，伤就好了，你今天不提起，我都想不起来了。只是那次你说的那番话，我始终无法忘掉。”

良言一句三冬暖，恶语半句六月寒。一句不当的话，可能会让他人一生都不好受。相反，一句知心的话语，也许胜过万钧雷霆，让人好好活着；一句抚慰人心的话，就像一缕阳光，让生命暖意融融，幸福一生。因此，多说一点关爱自己和他人的话吧，即使生命黯淡，你的话一出口，生活顿时会拨云见日。

·心得·

宽容的确是一种美德，温暖的宽容令人感动和难忘。

宽容还是一种智慧。有句老话说：有容乃大。确实，大海之所以是大海，正因为它极谦逊地接纳了所有的江河，才有了天下最壮观的辽阔与毫迈！

像海一样宽容别人吧！这是一种胸怀、境界以及力量，是对自己的尊重，而非是惩罚自己。

是什么让你气愤不已？其实，不是那个人、那件事，而是我们自己的这一颗心。

沉默未必是金

——当说必说，而且要说好

学会倾听，

不等于我们只听不说。

学会倾听，

是要我们少说多听。

在强调沟通的社会，

沉默往往不是金，

相反还会让你为此付出代价。

口乃心之门户，

当听则听，当说必说。

表达力是新时代成功人的必备素养，

我们要修炼口才，

把每句话说得更有品味。

著名建筑师弗兰克•盖里在成名前就对建筑的外形、设计、图形有着莫大的兴趣，每每谈论这些东西，都能激起他的共鸣。只是，盖里是个不爱说话的人。

那时，盖里的事业刚刚起步，他对建筑向来有着疯狂的迷恋。但后来盖里感到迷惘，不知道在这行里能做出点什么，甚至质疑自己是否能做建筑师，因为他在业内的走向和他原先的设想差得太远。工程总是通不过，盖里很纳闷：“我的设计是没问题的！到底是因为什么呢？”

一天，朋友们告诉盖里去听一下心理医师米尔顿•威勒的课，也许会对他有帮助。在朋友们一再劝说下，他只好不情愿地去了。

威勒的班有15人，每周上两次课。这些人里面，有艺术家、作家，也有商人，他们都是极有天分的人，而且一个比一个成功。在接下来的两年里，盖里坚持去那个班，但从来不讲一句话。

除盖里外，那儿的人似乎都能很自如地谈论自己，盖里为他们轻松的心情而感到惊奇。他也希望跟他们一样，能放松自如地表达自我。可是盖里腼腆，不能说一些话来证明自己的能力，他只好一再保持缄默。突然有一天，整个班开始针对盖里。大家用言语挑衅他：“你认为你是谁！坐在那儿，一言不发！只知道在心里对别人品头论足！”如果只是一两个人发问，他可能会一笑了之，但事实上是整个班的人！

接下来，盖里找到了威勒，威勒说：“你这蠢蛋！你都不知道——他们是怎么看待你吗？”

然而，正是这些话改变了盖里。盖里的确不知道，人们竟然把他的害羞当做是品头论足，把他无能加入讨论看成是拒绝。别人完全误会了他。盖里想：“我肯定给客户留下了同样的印象。我的工程批不下来，不是因为他们讨厌我的设计，而是他们不喜欢我这个人。”

从此，盖里变了，过去很少开口讲话，现在他试着拾起话题，他开始认真倾听，他相信以前从未认真倾听过！就这样，他和人们的关系就越拉越近，他在人生道路上也越走越好，最终成了著名的设计师。

我们公司有这样一位员工，他业务出色，态度认真，只是他整天寡言少语，再加上一脸肃穆表情，总给人一种捉摸不透的感觉。对于职场，许多员工都觉得，既然摸不透，就要多加防范。因此只要他在场，空气就格外凝重。

不善表达，会吃大亏。进公司三年，眼看着其他同事纷纷升职，唯有他原地踏步。原因其实很简单，所有的人都以为他是空气，如果不是想到他正在操办的项目，老板根本就想不起还有这个人。开会的时候，吃饭的时候，上班的时候，闲暇的时候，所有的人都在七嘴八舌地闲话，唯独他在角落里沉默。一次是公司组织集体活动，老板数来数去发现少了一个人，这一次他说话了："还有我。"

为什么不说话的他在职场上混得不好？不说话的人，人际关系肯定搞不好，不会受人欢迎。原因并不难理解，举个例子说，所有的人都在讲笑话，只有你木着脸，是你觉得这个笑话太低俗吗？是你和讲笑话的人有过节吗？是你对这种氛围很反感吗？或者是你自觉高人一等？也许你在心底认为，这些都不是，但你这样做，就是没顾及别人的心情。翟鸿燊说："人际沟通，最忌讳的就是一脸死相。"与大家"唱反调"，那你就是情绪的污染者和破坏者，这样的人，人际关系会好吗？

也许真的是不知不觉中，人与人之间就生出了这么多芥蒂，这恐怕是话少的人绝对想不到的。

最近遇到一个保险公司的高级代表，年轻有为，不到30岁就已经做到华东区销售总监的职位。接触下来，我感觉到她最大的制胜法宝就是话多。和我刚认识10分钟，她已经从她老公手机上的可疑短信讲到她最近在看的中医门诊，并且热情地把号码抄给我，让我有备无患，说不定什么时候能介绍给自己的朋友。"帮人就是帮自己嘛！"她还不忘剖析自己，"我这个人，智商不高，但情商还行，人家和我呆在一起时总是挺开心的。"的确如此，她的许多客户如今都成了她的朋友。

·心得·

生活中，沉默寡言的人不是很多，但也不少。就拿我来说吧，刚参加工作的半年里，我总以为是离开了父母、朋友、同学，才导致参加工作后的孤独和无助。如今方知，原来是自己的"冷"，驱走了周围人的温暖。

在今天这个异常强调沟通的社会，我们不但不应当"冷"，还应当想方设法提高自己的表达力，因为它已经成了成功的必备元素之一。如果你想获取别人的认可，除了懂得倾听外，更重要的就是不要做沉默的羔羊，要学会表达自己。

得到贵人的秘诀
——先去帮助别人

你要别人成为你的贵人，
也就是你希望得到别人的帮助，
那你先要成为别人的贵人，
时时处处去关怀和帮助别人。
你想让别人怎样对待你，
你就要怎样对待别人。
你要得到快乐，
你先要给别人带来快乐。
你要获得幸福，
你先要给别人带来幸福。

很少有人把普通人当成贵人。有不少贵人的出现，常常是以极为普通的身份。在我们寻找贵人时，有一类人很可能就是我们的贵人，那就是需要帮助的人。

创办新浪网的王志东就幸运地遇到了贵人。起初，他是在中关村一家小公司卖电脑。当时，有个用户买了北大方正和四通4S的排版系统，但是两个排版软件对硬件配置的要求不一样，无法装到同一台机器上。商家告诉他要买两台电脑才行，用户不情愿买。事情很偶然，这个用户找到了王志东。

王志东爽快地答应帮忙。没想到才用了一个月，王志东就把两个软件系统装到了一台电脑上。用户格外高兴，跑到方正说："你们说不能做的事，我找人完成了。"方正的人不信，这个客户就把机器搬去给他们演示。方正的人看了演示，追问是谁做的，客户把王志东供了出来，这让王选（因有突出贡献，在2002年获得500万元的国家科技大奖）记住了王志东这个名字。由此，王志东进入了北大方正，而且还进入了王选的研究所。

王志东的命运发生了改变。按理说，他不可能想到这个客户就是他的贵人。还有，假如这个客户找到王志东，如果他不予重视，抱着多一事不如少一事的态度，还会不会有他后来的发展？

王志东后来创办新浪网也是一样。1998年10月他在美国遇到了中国台湾IT界的知名人士姜丰年。之后，他们共同商讨创建全球最大的中文网站——新浪网的事宜。新浪网由此而生。

想当初，谁知道那位顾客是王志东的贵人，贵人往往不会以贵人的身份出现。因此，我们无法确定，谁是自己的贵人。怎么办？留意一下身边那些需要帮助，需要关爱的人吧。

你要获得贵人的帮助，你先要使自己成为贵人，去帮助别人。

每个人都是一座宝藏，帮别人就是帮自己。盲人在夜里提盏灯，既方便了无灯的行人，也能使别人不要撞到自己。记住，成功者不取决于他的实力，也不在于他赢过多少人，而在于他帮过多少人。

中国四大名著《水浒传》里的宋江，是个妇孺皆知的人物，身为县衙押司，顶多算个正科级干部，文不能惊人，武不能出众，凭什么受天下英雄推崇拥戴，并且坐了水泊梁山的头把交椅？凭的是他"宁肯天下人负我，不可我负天下人"处世哲学。宋江的雅号"及时雨"，为人好善乐施，不嫌贫爱富，谁有困难，都鼎力相助。生活在当今时代的人，更应该懂得整合人际资源。萨迪说："那些不肯济弱扶贫者，当他跌倒时，也将无人加以援助。"

·心得·

当一个人协助别人迈向成功之路的时候，他自己也会跟着踏入成功的坦途。"全天下最成功的人士都不会吝惜为他人伸出援手，协助别人更上一层楼，并且达到他们自己都无法想象的境界。"阿兰·莱·麦金尼斯这么说："全世界没有任何工作会比协助别人成功更高尚了。"

常常有人问，"协助别人成功"是什么意思？这是指就算别人有些令人无法忍受的习惯或是怪癖，我们都得全盘接受，每个人或多或少都会有些自己的怪癖；当我们和别人相处的时候，尽量找出他们最好的一面；当他们在讲话的时候，倾听他们的心声，不要妄下定论；为人们祝福，和他人分享你的情感；和他人同甘共苦，大家能够一块欢笑，也能够一起抱头痛哭；表达你的感激，以及不时鼓励他人；不要让嫉妒以及愤怒的情绪出头，当别人享受成功的果实时，衷心和他们一块庆祝；去除负面的想法，尽力与人为善；了解别人重视的是什么，并肩努力，协助他们达成目标，成为鼓励别人奋发向上的动力。对于人们生活当中的喜怒哀乐感同身受，并且让每个与你共事、生活或是交往的人都能够感受到自己的重要性。

帮助别人踏上成功的康庄大道说来简单，但是却会造成相当深远的影响。通过这样的过程，人们的生命能够不断获得充实，从单单知道他们的姓名到并肩朝他们的目标努力，你的人生也会增加许多特殊的时刻，并且因此开创出一番新的局面。

第四章

The forth chapter

全力赴梦

——忽视人生路上的旁枝杂草

玄奘，真正的『行者』

——永远执著于心中的目标

拥有一颗坚定佛心的人，
从不三心二意，
而是咬定青山不松口。
拥有一颗坚定佛心的人，
从不怀疑目标，
而是衣带渐宽终不悔。
勾践的卧薪尝胆，
祖逖的闻鸡起舞，
杨时的程门立雪，
达摩的面壁静修，
像他们一样，
带一颗坚定的佛心上路，
你就能走向天涯，走向海角，
哪怕是面对雄关漫道的艰难险阻。

我们都知道玄奘西行，殊不知，原来还有几位“同志”也想西行，只是没被李世民批准。其他人也因此放弃了这一打算，可玄奘竟矢志不移。

玄奘是混在难民中“逃出长安”，向西而去。他到天竺，无异于今天的偷渡，必然要受到国家的阻止。

幸运的是，玄奘一次次化险为夷。他这一去就是十多年，硬是用双脚行5万余里路，历经130多个国家和地区。这些数字，是用精神和生命一起完成的，或者说，这些数字是玄奘灵魂的价值体现。一路上，玄奘“无顾生命”，“冒越宪章，私往天竺，践流沙之漫漫，陟雪岭之巍巍，铁门巉山佥之途，热海波涛之路”，有人赞誉他是行走在古代丝绸之路上最伟大的探险者和旅行家。

现在我们能从不少书籍中看到玄奘的画像，他右手执拂尘，左手捏佛珠，背负旨释弟子专用的行囊，行囊顶部有一个遮伞，起到挡太阳和避雨的作用，囊顶有一盏小灯，垂落于他头部。自从上路，这盏灯就一直亮着。它的实质作用是供佛，但在多少个黑夜和茫茫大漠中，它又成为玄奘不泯灭的信念之火。

我不想太多地叙述玄奘西行碰到的诸多艰难，只想强调他这种做事的精神，是那么的执著，那么的坚定。

此外，我们还不应该忽略玄奘学成东归时的情景。尽管他此时已经是一个成功者，但他仍像来时一样，低着头上了路。也许，来时的经历已经深深地让他明白，走路最重要的还是精神。因此，在东归的路上，他有意识地又选择了一些来时未走的路。这样，归乡的路实际上又变成了一条征途。

一个人在取得成功后，按捺着内心的喜悦，或者丝毫不为这种成功心动，向着更大的目标迈进，这个人的心有多大啊！

玄奘从公元629年开始西行，到公元645年，他终于回到了阔别已久的长安，他往返之途几乎涵盖了丝绸之路的全部。

玄奘西行，还被后人编成一个很有意义的寓言故事。

传说，大唐贞观年间，在长安城西的一家磨坊里有一匹马和一头驴子。它们是好朋友，经常在一起谈心。马负责为主人拉车运货，驴子的工作是在屋里推磨。贞观四年，这匹马被玄奘大师选中，接受了一项艰巨的任务，与大师一起动身去天竺国大雷音寺取三藏真经。

13年后，这匹马跟着大师经历了千辛万苦，驮着佛经回到长安。大师受到重赏，而马也被人们精心打扮一番与大师形影不离，跟随大师去全国各地讲经。不久，朋友见面，老马跟驴子谈起了旅途的经历：浩瀚无边的沙漠、高入云霄的峻岭、火焰山的热浪、流沙河的黑水……驴子听了神话般的故事，大为惊异。

驴子惊叹说："马大哥，你的知识多么丰富呀！那么遥远的路程，那种神奇的景色，我连想都不敢想。"

马思索了一下，感叹道："老弟，其实这几年来我们走过的路程是差不多的。"

驴子不理解："哪里？我的确一点儿见识都没有长！"

马说："你想，我在往西域走的时候，你不是一天也没有停止拉磨吗？不同的是，我同玄奘大师有一个遥远而明确的目标，始终按照一贯的方向前进，所以我们开了眼界；而你却被人蒙住了眼睛，一直围着磨盘打转转，所以总也无法走出这个狭隘的天地。"

·心得·

许多人往往会看重成功者所取得的成果，忽视了他成功的背后。试想，假如他没有西行之举，那些佛经在后来恐怕还是能够传播到中国的。而有些事还是需要那样去做的，特殊的时代，就必须要有特殊的精神，特殊的行为。

玄奘西行，一步一步，一个人从远处走来，又向远处走去。其实，西天并非玄奘的心，如果是，也仅是一小部分，而路，才是他真正的心。他执著于心中的路，为人生烙下坚定的足印；同时，玄奘又把佛当成是心灵的灯，沉静修心灵的佛，从而使心中留下长久的光明。

成败间的距离亦远亦近

——不要拖拉，要立刻

鲁迅说：“要赶快做！”

比尔•盖茨说：“想做的事情要立刻去做！”

最快的成功是立刻行动，

不进则退，慢进也是退。

一旦发现立刻行动的意义，

就要立刻行动去做。

不断坚持、不断地立刻行动，

人生的效能会不断提高。

一旦发现立刻行动的意义，

就要立刻行动去做。

只有快速行动，

才能在激烈的竞争中获得更为有利的位置，

把握住一个个转瞬即逝的机会。

“欲速则不达”，这个成语相信大家都耳熟能详，其实它还有另外一种理解方式：只有心动，只有欲望，无论思想如何快，也不能达成良愿。

成功是源于心动，成于行动，在最短的时间内采取最大量的行动，以快速的行动引领竞争、超越竞争，这是现代社会取得成功的重要标志。从这个角度而言，人的能力与行动是一种能把不太完美的计划执行到最好程度的技能。

· 让石头飘起来的秘密

海尔集团首席执行官张瑞敏曾经在一次中层管理会议上提出这么一个问题：石头怎样才能在水上漂起来?

人们的回答真是五花八门，有人说“把石头掏空”，张瑞敏只是摇了摇头；也有人说“把它放在木板上”，张瑞敏说“没有木板”；甚至还有人说“石头是假的”，张瑞敏微微一笑，强调说“石头是真的”……终于人有站起来回答道：“速度！”

张瑞敏脸上露出满意的笑容：“正确！《孙子兵法》上说：‘激水之疾，至于漂石者，势也。’速度决定了石头能否漂起来。”

这不由得使人想到了跳远、跳高、飞机、火箭……由牛顿的万有引力可知，石头总是要往下落的，但速度改变了一切，打过水漂的人都知道，石头在水面跳跃，是因为我们给石头一个方向，同时赋予它足够的速度。自行车、摩托车在骑的过程中不会倒掉，也是因为人们掌握了方向，给予了它速度。美丽黑头发飘起来，原因也一样。

生命在于运动，运动就有速度，而没有足够的速度，成不了“势”，行进中事物就会停下来。这是一个动的世界，没有人为你等待，没有机会为你停留，守株待兔只会两手空空，一个人只有与时间赛跑，才有可能会赢。

因此，我们要学会趁热打铁，要能知后速行。没有完美的计划，只有完美的行动，不可在完美后才行动，要在行动中完美。成功取决于爆发力和行动的密度，成功取决于应变力和执行的状况。

• 借口、拖拉，使你离成功更远

有一则这样的笑话。卡尔买了一双新鞋，但不马上穿。别人问他买了新鞋为何不穿，他振振有词：“噢，是这样，售货员说新鞋头几天穿会感到有些挤脚，所以我要过几天才穿。”

看了这个笑话，你可能会不由自主地笑了。笑什么？笑卡尔的愚蠢，因为新鞋头几天穿总是要挤脚的，靠等几天怎能避免和消除？可是我们在生活中不也时常会犯类似卡尔“等几天”的错误吗？

今天该做的事拖到明天完成，现在该打的电话等到一两个小时后才打，这个月该完成的报表拖到下一个月，这个季度该达到的进度要等到下一个季度……我不知道喜欢拖延的人哪儿来的这么多的借口：工作太无聊、太辛苦，工作环境不好，老板脑筋有问题，完成期限太紧，等等。我只知道，这样的员工肯定是不努力工作的员工，至少是没有良好工作态度的员工。他们找出种种借口来蒙混公司，来欺骗管理者，他们是不负责任的人。

凡事都留待明天处理的态度就是拖延，这是一种很坏的工作习惯，会使你离成功越远。时间在飞逝。宇宙飞船飞往月球的途中，每飞一公里需要0.1秒；月光到达地球的时间是1.25秒……如果办事拖拖拉拉，那就会离成功十万八千里。

凡事拖不得，而戒“拖”的妙方就是学会如何同跳动着脉搏一样的、和正在想溜走的“现在”打交道。在每个人的生命的长河里，都泛着分分秒秒光阴的波浪，它们稍纵即逝，却又“法力无边”，能把你推向成功的彼岸，也会引你落入失败的深渊。时间中唯有“现在”最宝贵，抓住了“现在”，亦即抓住了时间，成功就会向你招手。而“拖”却是影响你抓住“现在”的最大障碍，就像你驶向成功航线上的礁石。有的人经常为一种不可名状的期待所烦扰，总觉得来日方长，“现在”无足轻重，只有“将来”才会有无限风光。

拖延的背后是人的惰性在作怪，而借口是对惰性的纵容。人们都有这样的经历：清晨闹钟将你从睡梦中惊醒，想着该起床上班了，同时却感受着被窝的温暖，一边不断地对自己说该起床了，一边又不断地给自己寻找借口“再等一会儿”，于是又躺了5分钟，甚至10分钟……

对付惰性最好的办法就是根本不让惰性出现，千万不能让自己拉开和惰性开仗的架势。往往在事情的开端，总是积极的想法在先，然后当头脑中冒出“我是不是可以……”这样的问题时，惰性就出现了，“战争”也就开始了。一旦开仗，结果就难说了。所以，要在积极战斗的想法一出现就马上行动，让惰性没有乘虚而入的可能。

· 世界上最远的距离在“知”“行”间

可能很多人不知道，林肯也是一位很好地把知与行结合起来的总统。林肯曾说：有些事情人们之所以不去做，只是他们认为不可能，而许多不可能，只存在于人的想象之中。

1865年，美国南北战争结束后，一位记者采访林肯，问：据说上两届总统都想过废除黑奴制，《解放黑奴宣言》也早在那个时期就已草就，可是却没签署它，是什么力量促使总统先生将这一伟业完成而成就英名？林肯说，完成它仅仅是需要一点勇气拿起笔来签署它。

林肯还对记者谈到幼年的一段经历：“我父亲在西雅图有一处农场，上面有许多石头。正因如此，父亲才得以较低价格买下它。有一天，母亲建议把上面的石头全搬走。父亲说，如果可能搬走的话，主人就不会卖给我们了，它是一座座小山头，都与大山连着。

“有一年，父亲去城里买马，母亲带我们在农场劳动。母亲说，让我们把这些碍事的东西拿走。于是我们开始挖那一块块石头。不长时间，就把它们弄走了，因为它们并不是父亲想象的山头，而是一块块孤零零的石块，只要往下挖一英尺，就可以把它们晃动开。”

古人夜观星辰，深感宇宙之浩瀚。现在人类已登上了月球。科学家们借助望远镜可以观测到距地球上百亿光年之遥的天体，他们正兴致勃勃地向更广阔的空间探索，可见空间并不是距离。

对我们而言，真正的距离在知与行之间。你每次的犹豫、怀疑、松懈都是对生命价值的贱踏！大多数人常常陷入这个恶性循环的怪圈中。古时有位国王，想提拔人当宰相，他故意在城郊设置一扇高大的铁门，说哪位大臣能打开城门，宰相一职就归他，可大臣们都认为城门太坚固太沉重，谁有那么大的力气打得开。只有一位聪明的大臣上前看了一会儿，解开一条细细的铁链，城门就被打开了。

成功是立即行动，把所知化为所做，然后收获成果。

· 立刻行动，使你离成功最近

早在上大学时，吉娜就向人们展示了她那璀璨的梦想：大学毕业后先去欧洲旅游一年，然后要在百老汇成为一位优秀的主角。

可第二天，吉娜的心理学老师找到她，尖锐地问了一句："你旅欧结束后去百老汇跟毕业后就去有什么差别？"吉娜仔细一想："是呀，赴欧旅游并不能帮我争取到百老汇的工作机会。"于是，吉娜决定一年以后就去百老汇闯荡。

这时，老师又冷不丁地问她："你现在去跟一年以后去有什么不同？"吉娜有点吃惊，老师怎么会这样问，但想想那个金碧辉煌的舞台和那只在梦中萦绕不绝的红舞鞋，情不自禁地说："好，给我一个星期的时间准备一下，然后就出发。"

然而，这位老师却步步紧逼："所有的生活用品在百老汇都能买到，为什么非要等到下星期才动身呢？"

吉娜一时语塞，顿了一下说："好，我明天就去。"老师赞许地点点头，说："我马上帮你订明天的机票。"

竞争自然十分激烈。但是吉娜到了纽约后，并没有急于做头发和买服装，而是费尽周折从一个化妆师手里拿到了即将开排的剧本。这以后的两天中，吉娜闭门苦读，悄悄演练。初试那天，当其他应征者按常规介绍着自己的表演经历时，吉娜却要求现场表演那个剧目的念白，最终她以精心的准备出奇制胜。

就这样，在来到纽约的第三天，吉娜就顺利地进入了百老汇，穿上了她演艺生涯中的第一双红舞鞋。而如今，吉娜已经成为纽约百老汇中最年轻、最负盛名的演员之一。

很多人都喜欢把理想当做太阳，不同的是，有人企望沐浴在温暖中悠闲地前进，有人却敢于立刻踏进通往理想的洪流，在逆境中前行。开启梦想之门的钥匙常常就藏匿在激流暗涌中，如果你耽于瞻望和等待，理想就是一轮止于仰望的太阳。

那么，今天就出发吧。如果春风已将大地吹绿，那过不了多久，秋霜一定会将它染白，这是季节的律动。人不会永远年轻，来也匆匆，去也匆匆。朋友，今天就出发吧，不然，一切都太迟。

今天就出发吧，出发了，人的生命才会真正开始。

今天就出发吧，金杯和花环从来就不是守株而获的兔子；成就和掌声也不是从天上掉下的馅饼。只瞄准不射击，不是好猎手；只呐喊而不冲锋，不是好士兵。永远躺在摇篮里，四肢会萎缩；永远呆在黑暗中，双目会失明。

记得那个可爱的阿甘赢得美人归后，有人问他爱情心得是什么，他说："我跑得比别人快！"难怪人们说：吃到天鹅肉的往往是第一只蛤蟆。有一句名言讲的也是这个道理：如果你跟得上时间的脚步，你就不会默默无闻。如今人们常说：不是大鱼吃小鱼，而是快鱼吃慢鱼。

因此，不要说"早起的虫儿被鸟吃"，认为自己是虫儿的人，是没出息的，就算你不起来，也难逃鸟儿明亮的双眼。相信自己是鸟儿，相信早起的鸟儿有虫吃，赶在别人前头，不要停下来，这是竞争者的状态，也是胜利者的状态。如果成功也有捷径的话，那就是赋予它足够的速度。

· 心得 ·

"只要想做，就立刻去做"，是成功者共同的行为准则。

克莱门特•斯通指出："'立即行动'是建功立业的秘诀之一。"

英国前首相丘吉尔平均每天工作17个小时，还使得10个秘书也整日忙得团团转。为了提高政府机构的工作效率，他在行动迟缓的官员的手杖上都贴上了"即日行动"的签条。

为人类留下了大量文学遗产的伟大作家巴尔扎克说：任何财富都是由时间和行动化合而成的。

“钟表王国”瑞士有一座温特图尔钟表博物馆，里面的一些古钟上都刻着这样一句话：“如果你跟得上时间的步伐，你就不会默默无闻。”这句富有哲理的话，一定早已铭刻在许多成功者的心灵深处了。

歌德也曾在他的格言诗里告诉世人：“快着手去做你能做到的或梦想到的事情！勇敢地行动才能产生天才、力量和魔力。”

优秀，取决于方向与执行力

——做好选择，做好执行

人的命运不是被注定的，
谁都有优秀的潜质。
也许你会问：
从平凡到优秀有几步？
答案可以是一辈子都达不到，
也可以是很短的时间就能实现。
关键是你是否有目标，
你是否有切实的执行力。
在实现一个目标后，
你是否固步自封？
还是敢于挑战更大的目标？
数学大师陈省身说，
自己的成功得力于两句话：
一是“日新日日新”的精神，
二是“登峰造极”的追求。

曾经读过一个寓言，说是猴子、熊猫和鸽子遇到了一位神仙，神仙答应能够分别满足他们一个愿望。贪食的猴子选择了许多美味食品；熊猫要了一个伴侣；鸽子要求给它一大叠信纸、信封和一支笔。几年后，猴子变得脑满肠肥，还患了脂肪肝、冠心病和高血压；熊猫一家则是子孙成群，它们整天为生计发愁；鸽子开了家公司，每天都与外界联系，公司收入非常可观，每年都能为动物王国上交一大笔税，还被评为“动物王国十大杰出企业家”。

什么样的选择决定什么样的生活，你今天的生活是由你昨天的选择决定的，而今天的抉择将决定你明天的生活。一个人能否成功，最重要的是选择对努力的方向。

有个年轻人，痴迷于写作，每天笔耕不辍，用钢笔把稿件誊写得清清楚楚，寄给天南地北的杂志报刊，可结果不是泥牛入海，就是只收到一纸不予刊用的通知。他满腹苦恼，痛定思痛，决定拿着稿子去请教一位他仰慕已久的作家。作家看了他的稿子，只说了一句话：“你为什么不去练习书法呢？”几年以后，他凭着自己出众的硬笔书法作品加入了省书协。

一粒种子的方向是冲出土壤，寻找美丽的阳光；一条根的方向是伸向土层，汲取更多的水分。人生又何尝不是如此，正确的方向引领我们踏入成功之门，而错误的方向会让我们误入歧途，甚至误人一生。打一个比方，初到一个陌生的地方，发现带错了地图，自然会感到冤枉无助。生活中，想改正缺点，但着眼点不对，结果也是白费功夫，甚至越努力越失败。这其实是你奉行了“只问耕耘不问收获”的生存哲学。问题就在于方向不对，办法只能是先搞对罗盘。

那年他才25岁，就拥有两个亿的财富，而且不是来自继承，这在中国并不多见。他就是李想，从一无所有到资产达到两亿，他只用了6年时间。

李想，前泡泡网首席执行官，现任汽车之家CEO，虽然年纪轻轻，但业绩在同行业中位列前三甲。2006年5月，全国十大创业新锐颁奖仪式上，众多大牌企业家旁边，面孔稚嫩的他显得很另类，因为其他几位平均年龄超过了40岁。20世纪80年代出生的李想是进入这个榜单的最年轻的人。

这个年轻人为什么如此优秀，这还得从他小时说起。

1981年，李想出生在石家庄市一个普通家庭，父母都是当地一所艺术学校的老师，李想从小就跟着家住农村的奶奶生活。尽管父母一直希望李想长大后能搞搞文艺混碗饭吃，但儿子选择的路却与他们的想法大相径庭。对于这个孩子的任性和倔强，父亲感受最深。

李想8岁的时候，有一次父亲给了他两毛钱让他去买冰棍，结果李想去了一上午都没回来，家人急坏了，最后在路上把他找到了。原来，他那两毛钱丢了，倔强的他用了整整3个小时寻找那丢失的两毛钱。当家人把他拉回家时，他却哭了，因为他坚持一定要把那两毛钱找到。

“从生下来我可能一直在思考我是谁，2000年的时候，我开始改变，我认为自己什么都不是。所以，我把更多的时间放在我的目标和我的方向上，而不是用来向别人证明我是一个什么样的人，也无需用一切甚至生命、友情、鲜血证明自己是对的。”

李想第一次接触电脑是在初一，刚一接触，他立即着了迷，不再想学之前喜欢的美术。最后搞美术的妈妈拗不过他，不得不放弃，尽管她坚信儿子在美术方面很有天赋和前途。

李想央求妈妈给他买台电脑，结果被生硬地拒绝了。为这，李想生气地说妈妈没文化，还偷偷地哭了。

李想不喜欢课堂，他喜欢学习在实践中能快速应用的东西。需要什么才学什么，学了什么就马上用起来。上初中的时候，他在课堂上比较拼命，就因为老师一句话的激励：“学习不好不要紧，但一定要做个优秀的人。”他认为这是他在课堂上所学到的最有价值的东西。

·心得·

什么样的选择决定什么样的生活，你今天的生活是由你昨天的选择决定的，而今天的抉择将决定你明天的生活。一个人能否成功，最重要的是选择对努力的方向。

李想这个人，坚定执著得有点倔强，一旦认准的事就会全力以赴地去做，不达目的不罢休。

他的人生从零起步，一步一步搭起了自己的梦想的阶梯，在长期的努力和奋斗之下逐步往高端迈进。

把老作家的精神放入我们的内存

——成功不喜欢犹豫的人

成功并非属于最优秀的人，
强者之所以强，
就是抓住了你错过的那一个机会。
当一个人看到机会时，
他就不会被困难吓倒，
果断地抓住机会表现自我，
可能会使你身价倍增；
因犹豫不决而错失良机，
会让你遭受巨大损失，
生命的价值取决于瞬间的决断力。

看国足踢球，可谓一种折磨，技术差尚可原谅，但踢不出中国人勇敢拼搏的精神，真是无法宽恕。看我们的邻居韩日朝，尤其是朝鲜，在2010年的世界杯上，跟世界级强队巴西那场比拼，尽管1:2败了，但他们的精神却赢了。

参加国足的运动员，无疑都是中国最新一代的年轻人，他们踢球的风格，多少是当今年轻人为人处世的一点反映。

现在的父母教育年轻人，最多的词就是“不要”——“不要爬高”、“不要点火”、“不要玩水”、“不要动这动那，太危险”。真是太溺爱了，而美国教育年轻最喜欢讲的话是：“Try it！”（去试！）、“Do it！”（去干！）他们要求做人要勇于尝试，立即执行。

通过横向比较，发现我们年轻人不够“男子汉”，纵向比较，看看我们的一些前辈到底如何?

• 立即去“Try it！”、“Do it！”的作家

作家王蒙从小就善于作决定。还不满14岁他就决定参加了共产党。19岁那年，他就决定写一部长篇小说《青春万岁》。如今他依然为自己的19岁的决定感到骄傲。他说：“那是一个总攻击的决定、一个战略决策、一个大胆的尝试、一个决定今后一生方向的壮举，当然也是一个冒险，甚至是一个狂妄之举。”

而在1963年的那个秋天，他与妻子用了不到5分钟时间就商量好了，迁居到新疆。

当今社会，值得把握的机会不可估量，能做到稳健推进成功进程的人并不多，一大原因就是犹豫不决，不能去“Try it！”、“Do it！”。放胆一搏，会被视为匹夫之勇。但在“快鱼吃慢鱼”的今天，耽误的代价，比不敢做的代价更高。放胆前行，是会有错，但错了，还有改正的机会，还有保证下次“不贰过”——不犯同样的错误。

• 敢想敢做，文盲成长为作家

勇者无畏，勇者无疆，“民不畏死，奈何以死惧之”。胆怯的人，与其说是一次一次地逃避困难，还不如说是一回回地赶走成功。勇敢地去做事，执著地去奋斗，你就能获得成功。

高玉宝，是个知名作家，也许21世纪的年轻人不是很熟。但在前些年，他创作了《半夜鸡叫》、《我要读书》等脍炙人口的作品，曾打动了很多人的心弦。不是为了过去的纪念，而是为我们更好地成长和生活，很有必要讲一讲高玉宝的成长经历。

解放前，高玉宝仅上过一个月的学。可以说，他是一个文盲。然而，一个文盲竟写出轰动世界文坛的自传体小说《高玉宝》，这难道不是一个奇迹？现在大家所熟悉的作家海岩，他说自己所受的教育也不高，甚至他在自己的简历上说他最自卑的事：受教育程度低。但高玉宝与海岩用阅历书写了令人艳羡的人生简历。而在当今时代，还有几位作家所受的教育程度比高玉宝还低？值得思索的是，高玉宝为什么会成功？

原来，小时候的高玉宝，既受过旧社会的苦，也受过中国民间文学的熏陶。9岁时，小玉宝随父母逃难到大连，每天上午他出去捡垃圾、讨饭……下午，便钻进大粪厂的工棚里，听老先生讲评书。一开始，他只是躲在门口听，收钱时就溜走，待钱收完后，又转回来听。一天，他见许多给得起钱的也白听，便自告奋勇，堵在门口替老先生收钱。就这样，他整整坚持了6年。像《隋唐演义》、《三国演义》、《七侠五义》、《水浒传》等等，他都记得滚瓜烂熟，甚至自己还能讲。

后来，高玉宝参军了，战士们都喜欢听他讲故事，部队开展诉苦运动，高玉宝讲自己受苦的故事，讲出了名，被派到各个连队作巡回报告。这些故事成了他后来的小说《高玉宝》的创作题材。

就在平津战役后，高玉宝萌生了把自己的亲身遭遇写出来的念头。然而，高玉宝交入党申请书时只“写”了“我从心眼里要入党”这八个字。尤其是在这八个字中，他只会写一个“我”字，剩下的全都是用画图来代替：“从”字就画一只毛毛虫，“心”就画一颗人心……，高玉宝就是有着一般人没有的锲而不舍的精神，在南下作战的空余时间，高玉宝用了将近一年半的时间，像当年画入党申请书一样，画出了20多万字的《高玉宝》一书，此书手稿，后来被中国人民革命军事博物馆收藏。这本书在1955年正式出版。

• 当机立断，“小战士”与毛主席碰杯

1951年，《高玉宝》开始在《解放军文艺》上连载，毛主席每篇都看，

他听说这是一位小战士自己写的，非常高兴。

高玉宝一生中被毛主席接见过23次，而他最难忘的是1952年9月30日那一次。当天下午，总政文化部副主任肖华将军带着一张大红请帖来找高玉宝："小高，毛主席请你参加今晚的宴会！"

宴会于晚上7点钟正式开始，周总理讲完话后，便代表毛主席到各个桌上敬酒。就在宴会进行之中，肖华将军的秘书请高玉宝去休息室。

原来，肖华将军和其他三人已经在那里等候。"你们四人，分别代表陆海空三军和志愿军，待会儿，我领你们去给毛主席敬酒！"肖华将军说完，见四人都激动不已，便摆摆手说，"咱们先宣布一条纪律，毛主席和中央首领都非常忙，时间有限，咱们不能一一去碰杯，我代表你们去碰一下，你们把酒杯举一举走过去就行了。"

出席当晚宴会的人很多，都是来自全国各条战线的英模代表，轮到高玉宝等人上台敬酒时，已经到了晚上9点半钟，他们5人还是最后一批。而高玉宝又排在最后，等他举杯走到毛主席跟前时，毛主席的秘书介绍说："这位小战士就是写《半夜鸡叫》的高玉宝。"

"噢，你就是高玉宝？"毛主席慈祥地笑了，举起酒杯向高玉宝伸来。

高玉宝慌了神，是碰还是不碰？他急忙把目光投向肖华将军，可肖华等4人已经走远了，高玉宝当机立断：先碰杯，再检讨！就在他壮胆与毛主席碰杯之后，刘少奇、朱德、周恩来等几乎所有的中央领导人都一一和高玉宝碰起杯来。高玉宝万分激动，泪水模糊了他的双眼。

·心得·

犹豫不决、踌躇不前的心理，其实是对自己的背叛。如果总是害怕，提不起勇气，那你怎么把握一生的幸福。生命内有一股催开灿烂鲜花的神奇力量，这股力量源于对自身使命的觉悟。没有谁能左右你的成功，没有谁能妨碍你生命价值的实现，如果硬要说有的话，那就是你自己。

藏在失败里的副产品

——付出总有回报

人生的很多失败，
不一定是真失败；
人生的很多付出，
其实都有回报。
如果你没得到正面追求的“主产品”，
你就可能得到背面藏着的“副产品”。
“主产品”的价值是你期望的，
“副产品”的价值可能是超值的。
对于失败，
需要的不是失望，
也不是放弃，
而是换个角度去看，
兴许你会发现喜人的“副产品”。

时间回到200多年前，雅科布和威廉两兄弟，还相当年轻，可他们对历史产生了浓厚的兴趣。他们有个奇特的想法：几百年来流传在民间的故事与人类发展的历史是否有某种关系？

这个想法以前也有人提出过，但证明起来很困难。多数民间传说都是口头文学，从未有人试图把它们记录下来。时光荏苒，很多故事随着主人进入了另一个世界。22岁的雅科布和21岁的威廉决定啃一啃这块硬骨头。

收集民间传说故事，确实不容易。有的人不根本不愿意跟你讲。比如，他们到了跋山涉水，历尽艰难，来到某乡村，有个妇人就是不肯讲，因为她的故事与众不同，实在太离奇了。人们都说她精神不正常，才会讲这样的故事。不过，她倒是愿意跟小孩说，因为孩子除了喜欢还是喜欢，不会讥笑她。为此，他们让朋友的儿子去听老太太讲故事，便悄悄躲起来，偷偷把故事记下。

就这样，经过5年的不辞辛劳，两兄弟收集整理出了86个传说故事。故事倒是很好，但根本看不出和人类历史有什么联系。他们决定放弃，算是失败了。

但事情并非就这么结束。一朋友来访，立刻被这些故事给吸引了，便联系了柏林一家出版社，坚持要雅科布和威廉把这些故事集结出版。1812年圣诞节前夕，故事集出版了。这本故事集就是深受全世界孩子喜爱的《格林童话》，而雅科布•格林和威廉•格林就是该书的收集整理加工者，换句话说，也可以称之为作者，书名中的“格林”就是指两兄弟。

人生的很多失败，其实不一定是真失败、彻底的失败。虽然你没得到正面追求的东西，但你可能会得到别的收获。这就是失败的副产品。可别小看这副产品，有时它可能比主产品的东西更有价值。

是的，人生的很多失败都藏有副产品，千万别以为格林兄弟的故事是特例。

苏东坡早年想在政坛上求得个功名，可是大宋朝却让他栽了个大跟头。就在他落难的时候，却写出了“大江东去，浪淘尽”这样完美的诗词。他在政治上失败了，却又成就了他文学上的光辉地位。

歌德追求一位姑娘，结果失败了，但手上却多了一件令拿破仑读过七遍的东西——《少年维特之烦恼》。

伦琴也是这样的人，他花了6年时间，去找晶体光谱，结果没找到，却意外地发现了X射线，为伦琴带来了巨大的财富。英国政府给他12万英镑，瑞典诺贝尔奖委员会奖励他53万美元。此外，那张印着他左手的感光纸，1932年被美国的一位收藏家以120万美元的价格买下。如此巨大的副产品，谁会想到呢?

·心得·

造物主从不让伟大的追求者空手而归，即使他最后没有得到梦寐以求的东西，也要给他点“副产品”，作为对他的奖赏。世间的任何事物，只要人们执著地追求，就可能发现目标背后都隐藏着副产品。

我们不要小看副产品的价值，就像故事中所说的一样，有时甚至远远超过梦想的主产品的价值。如果你现在是一位正在为梦想奋斗着的人，就算是遇到了挫折和打击，也千万不要停下你的脚步，因为意外的惊喜也许在不远的明天就会出现。

每一次表演都力争完美

——永远都要追求卓越

凡事不可不认真，

认真是人的一种心态。

要把事情做得更好，

除了认真，

还要更加用心。

全国劳动模范李素丽说：

“认真做事只是把事情做对，

用心做事才能把事情做好。”

一个认真用心的人，

不管在什么场合，

他都会追求卓越：

在言行上下功夫，

在形象上不随便，

用心去展示完美的自己。

刘德华可谓演艺圈里不可多得的“常青树”。在讲究细节决定成败的今天，我认为刘德华之所以能成功，能持续成功，从细节上就可以看出来。

这个细节我不是在他拍摄的MTV看到的，也不是在他的个人演唱会上看到的，而是在2007年另一个歌星的演唱会上看到的。

他作为嘉宾出场，唱了一首《冰雨》。当时舞台现场制造了一场大雨，而刘德华在雨中唱完这首歌，全身都淋湿了。

作为一个巨星，他有没有必要在一个别的歌星的演唱会上做出这样的举动？他如果唱一首其他的歌，或者就唱《冰雨》，但现场不必造雨，会影响他的江湖地位吗？不会！但他依旧这么去做，因为他是刘德华。他唱不过张学友，演不过周润发，但他一直是一线巨星，为什么？因为他要求自己每一次出现在观众面前必须是完美的，不容有任何的缺陷。我觉得，正是这种态度，这种对自己的苛求，才有他今天歌坛常青树的地位。

对他的成功，人们评价说，除了他的天赋、运气之外，还是有一些他独特的东西和过人之处，那就是他的自信乐观、勤奋敬业和懂得利用时间。

几年前曾读过一个和招聘有关的故事，至今仍记忆犹新，觉得它对当今的人依然会有启发。

某公司应聘一名采购员，经过几轮测试后，只留下了3名优胜者，分别是甲、乙、丙。最后一轮测试，老总亲自把关面试并提出了几个问题，每个人的回答都独具特色，非常令人满意。

面试的最后一道题是笔试题，题目是：公司要是派你到某工厂采购4999个信封，你会向公司申请多少资金？

没过多久，大家都高兴地交了答卷。

甲的答案是430元。老总问：“你是怎么计算的呢？”

“就当采购5000个信封计算，可能是要400元，其他杂费就算30元吧！”甲对答如流。

老总二话没说，又问乙。乙的答案是415元。

乙解释说：“假设5000个信封，大概需要400元左右，另外可能需用15元。”

老总还是没表态，最后拿起了丙的答卷，见上面写的是419.42元，仍然要求丙解释一下。

丙说："信封每个8分钱，4999个是399.92元。从公司到某工厂，乘车来回票价10元。午餐费5元。从工厂到汽车站有一里半路，需要请一辆三轮车搬信封，需要花费4.5元。因此，最后总费用为419.42元。"

老总终于露出了笑容，便通知丙第二天来上班。

不要以为问题小就忽略不计，这不是认真的态度。认真的人，在细节上都相当用心，才能保证结果的圆满。

·心得·

成功很少有天生使然的，一般都是取决于他们对待生活、工作的态度。不同的态度会让我们对同一件事采取完全不同的做法，从而得到不同的结果。

刘德华严格要求自己，不管在什么场合下，都力争自己的表演是完美的。人们常说，世界上最可怕的两个词，一个叫认真，一个叫执著。认真的人改变自己，执著的人改变命运。

与刘德华相似，周星驰也是个严格要求自己的人。他的演艺生涯是从不成功的跑龙套开始，屡受挫折，几乎所有的打击和失败都冲着他来，但他说自己是一个专业的演员，并坚持每天去看《演员的自我修养》，每天去学习、去改正、去尝试、去表现。当所有的失败都无法挫灭他内心的信心时，失败退却了。

人生如戏，只要你够投入，一心一意地想做好一件事，没有什么可以阻挡你的成功。

像胶水一样执著

——坚持是成功的阶梯

成功并没有什么秘诀，

只不过是比放弃的人多一点执著。

智商并非成功的决定因素，

情商才是最关键的。

即使你是个笨小孩，

只要你敢于坚持，

你就会成功。

任何伟大的事业，

都成于坚持不懈，

都毁于半途而废。

特别想讲埃迪·阿卡罗的故事，并不是因为他聪明，相反他很笨，是相当笨，然而他最后成功了，所以他的故事更值得讲。

如果没有开头一段的说明，大多数人肯定会认为，根本不会骑马的笨小孩阿卡罗梦想成为世上最伟大的骑师，真是痴人说梦，太可笑了！如果你看过他骑马，我想你也会这么认为的，反正当时的人们都认为他又矮又瘦，骑马动作一点都不专业，总是一出发就被落在后面，之后不是陷入重围无法冲到前面，就是磕磕绊绊出事故，老闹笑话。他在最早参加的100场比赛中，从未有过半点获胜的机会，总是落后相当大的一截。

在当时，谁都觉得，他这种想法太荒唐了。我们大多数人如果像这样，早就打消这种不切实际的念头了，但是他从未气馁过。

好说歹说，他父亲勉强同意他以赛马为业，其实他父亲很清楚，儿子成功的可能性非常渺茫，连驯马师都说："送你儿子回学校吧，他永远成不了骑师。"

谁都不对他报以希望，除了他自己。他决心不但要成为骑师，而且要成为世界上最伟大的骑师。但前提是得有人愿意给他机会。

他坚持不懈地争取，终于得以参加一场真正的赛马比赛。比赛还没结束，他的马鞭和帽子都丢了，连他自己也差点从马鞍上摔下来。等他跑完赛程，其他的骑师已经在返回马厩的路上了，他被远远地抛在了最后。

此后，阿卡罗又是长时间寻找赛马机会，因为人们都不肯给他机会。终于，一位马主出于怜悯，给了他机会。尽管阿卡罗在上百次比赛中从未获奖，但他身上有一种东西，也许是潜力，也许是坚韧，也许只是固执，再也没有人提出要打发他回家。当然，阿卡罗也决不肯半途而废。

漫长的岁月里，他始终默默无闻，几乎没有朋友。他多次死里逃生，断了几根骨头，他不足1.6米高的瘦弱身躯好多次被马蹄践踏，但他总是重整旗鼓回到马鞍上。

不知何时，转机出现了。阿卡罗开始取胜，一个胜利接着一个胜利，失败不再是他的专利，相反，每次他都把失败抛给了对手。

在30年的赛马生涯中，他共赢得了4779场比赛，成为历史上唯一在肯塔基赛马会上5次获胜的骑师。1962年他退休时已经是百万富翁了。

高尔基说："书籍是进步的阶梯。"也有人说："理想是进步的阶梯。”而我却说：“坚持不懈地努力是通往梦想天堂的阶梯”。

阿卡罗的故事让我想到了中国台湾的一个小男孩，他从小便对音乐有浓厚的兴趣，梦想有一天能够成为一名著名歌手，然而，幸运女神在那段艰苦的岁月里始终没有降临到他身上。可他并没有丧失信心，而是一直写歌唱歌，向唱片公司推销自己，并且到歌厅中唱歌，去试图打动那些人。结果唱片公司对少年的演唱风格不屑一顾。可他还是没有改变自己的风格。

也许，是老天被少年的执著打动，机会终于光顾这个少年。一家唱片公司看重了他，告诉他保持风格。苍天不负有心人，少年第一张唱片发行后，整个乐坛都为之震动了，之后的他变得一发不可收拾。这个男孩就是周杰伦。

幸运女神总会青睐那些为梦想而始终努力奋斗的人，正所谓，“有志者，事竟成，破釜沉舟，百二秦关终属楚；苦心人，天不负，卧薪尝胆，三千越甲可吞吴”。对梦想的努力追求应有水滴石穿的魄力，应有集腋成裘的胆识，更应有坚持不懈的品质。

在湖南，有个女人的名字也是响当当的，她就是孟乔波。

1987年，才14岁的她，还是一个小姑娘，就开始在湖南益阳一个名叫衡龙桥的小镇卖茶，1角钱一杯。她的茶其实和大家的都差不多，唯一不同的就是，她的茶杯比别人大一号，所以比他人要卖得快一些。1角钱里能有多大利润，但她依然不辞辛劳地忙碌着。

1990年，有些同行因收入太少而改行了，唯有她还在卖茶。只是，她的摊点搬到了益阳市，而茶也改作当地特有的“擂茶”。当然，价钱也上涨了一点，小杯3元，大杯5元。但不变的是，她的杯子比旁人的都要大一点，她还是像从前一样忙碌。

1993年，她卖茶的地点又变了，搬到了省会长沙，摊点也变成了小店面。屋子中央摆一根雕茶几，客人来了，必泡上热乎的茶，敬请品尝。据说，是让客人坐下来尽情免费地享受，而不是喝小指头那么小的一小杯。奇怪的是，很多客人走的时候，或多或少会掏钱拎上一两袋茶叶的。

像她这样把一杯茶水卖十年之久的，不知有多少。1997年，她已经拥有37家茶庄，遍布于长沙、西安、深圳、上海等地。福建安溪、浙江杭州的茶商们一提起她，莫不赞许不已。

如果你要问她成功秘诀，她会告诉你：“我只是一个卖茶的，我永远都是卖茶的。”“我一定会一条道走到底。若干年以后，你会发现本来习惯于喝咖啡的国度里，也会有洋溢着茶叶清香的茶庄出现，那也许就是我开的……”

这个故事不禁让我再问，面对收入不多的职业，有几个人能默默无闻地坚持十多年呢?

但孟乔波做到了。成功并没有什么秘诀，那就是把别人坚持不下去的事情坚持下去；任何伟大的事业，都成于坚持不懈，都毁于半途而废。孟乔波的许多同行嫌卖茶水收入太低，大多另谋出路了，可她没有半途而废，所以她成了最大的赢家。

生活中，许多人都有给自己订计划的经历，比如想成为优秀的长跑运动员，计划每天跑多少公里；想学好外语，每天记多少个单词……遗憾的是，大部分人都没有坚持下来，心中的理想直到今日仍没有实现。

·心得·

如果人人对你失望，你仍相信自己；如果上百次失败，你仍不放弃，那么，你一定更能体会阿卡罗的坚持与喜悦。因为每一个梦想的实现，事实上都大同小异：勇敢地尝试、拼命地努力加上不懈地坚持。

向阿卡罗学习，即使你很笨，也能成功，如果你执著的话；向孟乔波学习，即使你从事的行业利润很少，你也能成功，如果你执著的话。

第五章

The fifth chapter

逆境顺转

——在风雨中播撒阳光

总有一次会成功

——不要失败几次就害怕

屋檐上的水一滴一滴地往下滴，
最后把石头滴穿了；
山沟里的水一点一点地汇聚，
最后汇成一个可以藏龙的深潭；
风将沙漠里的沙砾一寸一寸往前挪，
最后沙丘覆盖了整个城市。
总有一次会成功，
失败不是永远，
成功总有站点。
不要害怕失败的考验，
树立一个战胜失败的坚强信念。

莎莉·拉裴尔是一位电台广播员，在她的30年职业生涯中，曾遭辞退18次，可是她越挫越勇，在每次失败后，把头抬得更高，把眼光放得更远。

其实，莎莉遭到辞退是由于美国大陆的无线电台都认为女性不能吸引听众，但她认为自己肯定能成功，便迁到波多黎各去，苦练西班牙语。有一次，一家通讯社拒绝派她到多米尼加共和国采访一次暴乱事件，她便自费飞到那里去，然后把自己的报道出售给电台。

1981年，她遭纽约一家电台辞退，说她跟不上时代，结果失业了一年多。有一天，她向一位国家广播公司电台职员推销她的清谈节目构想，可这位职员不久就离开了国家广播公司。此后莎莉又向该电台的另一位职员推介自己的构想，这人对她格外欣赏，但很快他也失去了踪影。最后虽然说服第三位职员雇用她，但要求她在主持政治节目。

1982年夏天，莎莉的节目终于开播了。由于她对广播早已驾轻就熟，便利用自己的长处和平易近人的作风大谈7月4日美国国庆对她自己有什么意义，然后又请听众打电话来畅谈他们的感受。

结果，莎莉的节目大受欢迎，她几乎因此一举成名。今天，莎莉已成为自办电视节目的主持人，曾经两度获奖，在美国、加拿大和英国有800万观众每天收看这个节目。

莎莉说："我遭人辞退了18次，本来大有可能被这些遭遇所吓退，做不成我想做的事情，结果相反，我让它们鞭策我勇往直前。"

莎莉的故事让我想到了肯德基的创始人哈伦德·山德士。哈伦德经过1009次的尝试，终于有人愿意投资，才创立了世界著名的速食公司，而且他还是在大家认为没有希望的年龄才开始了他的新事业。

尽管人生成功的概率太少，但哈伦德永不放弃尝试，终于得到了一次成功。世界上始终有一个位置是属于自己的。生活中，许多人巴不得拥有成千上万次的成功，而一次失败便让他一蹶不振。事实上，人生哪怕失败上千次，也不应放弃对成功的追求。

还有这样一个人：他，21岁时，做生意失败；22岁时，角逐州议员落选；24岁时，做生意再次失败；26岁时，爱人去世；27岁时，一度精神崩溃，曾想到自杀；34岁时，角逐联邦众议员落选；36岁时，角逐联邦众议员再度落选；45岁时，角逐联邦众议员落选；47岁时，提名副总统落选；49岁时，角逐联邦参议员再一次落选；52岁时，当选美国第16届总统，这个人就是亚伯拉罕·林肯——美国历史上最伟大的总统之一。

除了山德士和林肯，我还想起了发明家切斯特·卡尔森。他曾经带着自己的专利走了二十多家公司，包括一些世界最大的公司。它们无一例外地拒绝了他。1947年，在他被拒绝7年后，终于，纽约罗彻斯特一家小公司肯购买他的专利——静电复印。这家小公司就是后来的施乐公司。

·心得·

"一万次总有一次会成功，如果第一万次还不成功，我们可以试试第一万零一次。"

成功，需要漫长时间的考验，众多的障碍来考验。就好比弹钢琴，你只有通过千千万万的练习，技艺才能达到炉火纯青的境界。又好比烧开水，99度离100度虽然只差1 度，但是不到100度，水是不会沸腾的。

每个人都尝过失败的苦涩滋味，但并不是每一个人都能等到甘甜的那一天。99次希望，98次失望，差了一次，便算不上锲而不舍了。因为你心灵的底层总是害怕失败，你连尝试一次的勇气都没有，成功怎么会青睐你呢？所以，当你失望了99次，请你做第100次尝试；假如你已经失败了100次，那就请开始第101次的努力。

发现失败背后的真实内容

——正确对待成功经验与失败教训

许多人都害怕失败，
许多人都不喜欢逆境，
许多人都不善于总结经验教训。
成功者并非一直成功，
没有谁能永远成功。
如果说火是黄金的考验者，
那失败也是成功的考验者。
每一次失败都是成功的先导，
为了成功不妨增加失败的数量。
正确对待成功经验与失败教训，
你会赢得更好的成功。

曾读过一则寓言。有个渔人因一流的捕鱼技术被人们称赞为“渔王”，当他年老时，深深为几个儿子平庸的渔技担忧。

一天，他对一个朋友说：“真是不可思议，我的渔技这么好，可没有一个儿子能像我一样。我可是手把手，从织网、撒网和收网这些最基本的事情教他们，后来又告诉他们什么时候撒网最合适、如何识别潮汐、怎样辨别鱼汛等。一直以来，我把自己成功的经验，一点一滴地教给了他们，可他们的技术还是很差。”

“你真是这样教他们的？”朋友问。

渔王回答：“是的。”

“这么多年来，他们都是跟着你学的吗？”朋友又问道。

“是呀，为了让他们少走弯路，我要求他们一直跟我学。”

朋友笑了：“如此说来，你的错误就更突出了。你仅仅教他们成功的经验，而不给他们失败的教训，这正是你的儿子们没有学会捕鱼的原因啊！一个人要是没有教训，就跟没有经验一样，自然就不能成才。”

奥斯特洛夫斯基说：“人的生命犹如江水在奔腾，不遇到岛屿和暗礁，就难以激起美丽的浪花。”因此说，并不是每一种不幸都是灾难，逆境也是成功的桥梁。

加拿大人格德纳，在一家公司干了很多年，可依旧没得到提拔，他的内心很不是滋味。

有一天，他在复印文件，因思想不集中，一失手把一瓶液体泼洒在文件上，结果把文件搞坏了。

老板一气之下辞退了他。

一筹莫展的格德纳回家后不由看了看那张使他失业的复印件。忽然他悲伤的眼中露出了喜悦的光彩——因为他发现文件被液体污染过的部分出现了漆黑的斑块，也就是说，这种液体能使文件不能被复印。

此后，他深入研究，终于研制出了一种能写字、打字、印刷图文、与普通纸张无异但可以防止盗印的影印纸，获得了巨大成功。

不要害怕失败，不要畏惧逆境和挫折，失败是成功之母。即使你一直很平庸，如果你从现在开始，能够正视人生的失败、逆境和挫折，你终能超越自己，让自己变得出类拔萃。

“不以成败论英雄”是我们比较熟悉的一句话，你应该从这句话中明白这样一个道理：人和人所做的事是两回事，曾经做过坏事，并不能说明你就是一个坏人；昔日失败过，并不能证明你永远是一个失败者。而成功来源于你能正确地对待失败，正确地对待逆境。“逆来顺受”这个成语，一直以来都被用作形容一个人懦弱和无用，明显是个贬义词，但细细琢磨就发现其中韵味很深，它是一个让人提升观念的成语。

其实，生活中并不在于到底发生了什么事情，而是我们自己是怎样看待和领悟。一般人都是根据对事实的感性认识而不是根据事实的真相来评论和推断，这就犯了一个严重的方向性错误。

“逆来顺受”这个成语的另一种解读是：当你不能改变的事情发生时，那就乐观地接纳和包容，顺势而行，那不但不会起冲突，反而会因态度的不同而让形势产生喜人的转向。

领悟“逆来顺受”的新含义，你就能够更好地对待失败与挫折。工作中，也许会出现各种各样不愉快的事：你原本在一家效益较好的单位工作，收入也颇丰，可是你现在下岗了，你正万念俱灰；本来你并不比他差，甚至曾是他的上司，可是现在他平步青云，而你却被一次次地冷落，你正在怨天尤人；你正干得得心应手，可是领导非把你调下来，安排你到一个最不愿去的地方，你说：“老子不干了”。

也许这一切都让你雄心泯灭、看不到光明，你甚至认为你的经历比谁都坎坷、你的灾难比谁都深重，你认为自己再没有扬眉吐气、出人头地之日，你认为生活将从此永无笑脸、人生将像陨落的星星一样暗淡。

然而现实往往并不是如此残酷。

邓小平三起三落：1931年被免职，1934年被起用；1969年再一次被免职，1973年再一次被起用；1976年又被免职，1977年又被起用……

谬误与失败有时既是人生的挫折，又是人生的转折。所谓“置之死地而后生”就是这个道理。人生的不幸向人们昭示的不纯粹是灾难，它或许是在以另一种方式来告诉你原来的那种活法不适合你，或许在暗示你原来的要求和目的与现实有偏差。它用不幸来提示你，让你暂时心灰意冷，让你冷静思考后再次崛起。许多人因倒霉交上好运，或创业，或升官，或有所建树，而其前提是：善待谬误、巧寻转机。这往往是个戏剧性的环节，就看你是否能够正确看待、好好把握。

怎样善待谬误与失败呢？你要考虑你做事的动机，你为什么那样做事。有时人做事冲动，没想到后果；有时人们在不清楚原因时就做了，总是到最后才会明白自己的行为是错误的。

·心得·

“牛仔大王”李维斯前往西部淘金时曾被一条大河挡住去路，与许多人的满腹抱怨相反，他则充满感恩的心态：“太好了，这样的事情竟然发生在我的身上，又给了我一次成长的机会。”随后他干起了摆渡。后来生意不好了，便辗转到了西部，好不容易有了块地盘，却被几个暴徒打了一顿，给抢走了。失去的就必然是不好的，他再次调整心态，做起卖水的生意。再后来，他开始经营牛仔裤，并一举成名。

受挫一次，对人生的感悟便升高一阶；不幸一次，对世间的体会成熟一级；磨难一次，对幸福的内涵彻悟一层。

愚者说：“我要追求更大的花园。”智者说：“我要成为更好的花匠。”聪明的人因受指责而受益，愚蠢的人因受挫折而丧志。作家老宣在其所著的《老宣放言录》中说：“人生就是碰钉子，碰一回钉子，长一分见识，增一分阅历。做的事越多，碰的钉子就越多。没有碰过钉子的人，必是没有做过事的人。不过，聪明人能因别人碰钉子而增见识长阅历。糊涂人虽碰钉子，还不知是钉子，必待左碰右碰，碰得体无完肤，才知道钉子的厉害。”

你努力过了吗

——真正的失败是不去拼搏

成功从来不是一蹴而就，
失败不是天生注定。
生命的价值，
是在不懈地努力中创造的；
生命的意义，
更要靠忘我的拼搏去体验。
面对人生的挫折，
问自己是否努力过了。
不要担心
破釜沉舟的付出会一无所有；
不要害怕
背水一战的拼搏会无退身之路。
真正的拼搏是一种无穷的乐趣，
因为真正的失败是不去拼搏。

在美国，有位叫约翰·H·约翰森的人，他是美国著名的《黑人文摘》杂志的创始人、约翰森出版公司总裁，而且还拥有三家无线电台。

约翰森骄人的成绩让很多美国人都称赞不已。其实他能取得如此辉煌的成绩，与他母亲的帮助和鼓励是分不开的。

约翰森出身贫寒，早年还差点命丧黄泉。那是1927年，他的家乡——阿肯色州的密西西比河暴发洪水，他的家被洪水给冲毁了，他本人也落入水中。当时，他只是一个9岁的小男孩，是他母亲在洪水即将吞噬他的关键一刻，把他从死神的魔爪中给拉了回来。

14岁那年，约翰森小学毕业，该上中学了，可该州的中学不招收黑人，他只能到芝加哥上学。家里一贫如洗，没办法，母亲下决心让儿子再复读一年。

为了给儿子复读费，她找了一份给50多名工人洗脏衣服的工作。好不容易把钱凑足了，母亲立即领着儿子坐上火车来到了芝加哥。接着，她又在这里当佣人。

约翰森在学习上非常努力，也没辜负母亲的一片苦心，以优异的成绩为中学时代画了一个圆满的句号，然后又顺利地念完大学。

25岁那年，他着手创办一份杂志，可500元的邮费成了他最难闯的一关。不能给订户发函，就等于功亏一篑。好不容易找到一家能给他提供贷款的公司，可必须有抵押才行。母亲只好忍痛割爱，一咬牙把用血汗钱买来的新家具作了抵押。

真是上苍不负苦心人，约翰森办的那份杂志获得巨大成功。他终于圆了自己多年的创业梦，母亲再也不用上班了。回想风风雨雨、相依为命地走过了这么多年，母子俩抱头痛哭，苦日子总算熬到了头。

可是天有不测风云，人有旦夕祸福。后来，他的事业陷入了低迷状态，仿佛一切都要完蛋了，等待他的将是破产。面对巨大的困难，他绝望地对母亲说："看来，我这回恐怕要完蛋了。"

经历过大风大浪的母亲听了儿子的话，反倒显得很平静。她对儿子说："孩子，你努力过了吗？"

"我努力过了。"

"非常努力吗？"

“是的。”

“这就很好。”母亲坚定地说，“无论何时，只要你真的努力过了，就不会失败。因为真正的失败是不去拼搏。”

事情果如母亲所断言的，约翰森终于渡过了难关。

在以后的人生历程中，每当遇到困难，约翰森总会想起母亲所说的那番话。正是这样，约翰森才赢来了人生的一个又一个的辉煌。

·心得·

“你努力过了吗？如果是真的，那你就一定不会失败，因为真正的失败是不去拼搏。”这番话告诉我们：命运全在搏击，奋斗就是希望。失败只有一种，那就是放弃努力。

我承认人与人之间的差别，但是有一样东西是没有差别的，那就是拼搏奋斗的精神。如果你有了这种精神，就算你不能很成功，但你依然会赢得人们的尊敬！

拼搏是一种高贵的精神，是一种崇高的境界，是一种积极的态度，是一种对生活负责。对自己负责同时也是对爱自己的人和自己爱的人负责的态度，是一种生活的精神，是一种永不服输的精神，是一种自我体现最直接的方式，是一种对自我评价的认可。你可以没有房没有车，然而你不能失去对生活的信心，不能失去作为一个人最基本的东西——拼搏。我觉得生命的价值是在自己不懈地努力中创造出来的，而生命的意义更要靠自己在忘我的拼搏中去深刻体验。

你努力过了吗？

当不幸成为毕业后的一部分

——用微笑埋葬痛苦和不幸

过去不等于未来，
现在的处境，
决不等于明天的结局。
岁月是个魔术师。
许多人都高估了自己一年内能做的事，
却又低估了自己十年内可以做的事。
成功是每天进步一点点的积累，
时间久了就会发生质的飞跃。
不要伤感自己第一个十年的不幸，
尽管人生只有几个十年。
把握住下一个十年，
你就会赢得你所想要的生活。

不偏不倚，不早不迟，高校并轨，不再分配工作，让他们给赶上了。但那时，他们两袖清风，双眼茫茫，根本没弄清什么是并轨，更不知未来会怎样，只知道，上大学的费用比以前多了。

• 毕业十年：有幸福的，也有不幸的

到了大学毕业，他们真正清楚了什么是并轨。现在要说的是，已经大学毕业十年了，大家在同学聚会上再度重逢。曾经的青春稚气，如今都有了些许成年人沧桑的印迹，可谓岁月留痕，这是成熟的标志。同学们聚在一起尽情地谈笑着。当然，谈的最多是十年里他们做了些什么，有谈家庭的，有说自己怎么跳槽改行的，有讲自己继续进修的，有说自己连升三级的，也有说自己原地踏步的……

大家七嘴八舌地交谈着，直到突然听到有人在角落里小声地哭泣。众人停止了讨论，纷纷自责，说不该在她面前张扬。

其实，大学时代的她是一个漂亮的女生，曾违背父亲的愿望和一个男生交往，不幸的是她因患病把工作丢了，当男友得知她甚至连生育都成问题时，便背信弃义离开了她。

这个女生今日已失去了当年的风采，但依旧还是很漂亮的。她哭着说自己这十年，什么也没做，现在只不过做着一份很平凡的工作，而且至今都没有结婚。

一个女同学走过去搂住她的肩膀："其实，这十年你做了一件很伟大的事——这十年，你努力活下来了，你还好好地活着！"

听到这句话，很多人的眼睛都湿润了，因为大家突然想起，全班26名同学来了25名，还有一个男生没来。

他已经来不了。七年前，因为没考上研究生，自觉无颜面对父母便上吊自尽了，没有活下来和同学们一起走完这十年。

• 好好活着，其实就是幸福

十年，并不是一个十分漫长的过程。但是只要你好好地活着，这十年就能做很多事，你完全能奔小康，即便是这个十年不行，还有下一个十年。当然，有人在你之前就奔了。可能别人以200码的速度奔小康，你是100码；可能别人是坐小轿车，你现在还没有摩托车；可能你回头一看，见10万元、100万元的已如过江之鲫，你顶多是个“羞涩”的万元户，甚至是“月光族”；可能你倾尽家资只能买个一室一厅，别人早已“二房”了；可能有人能买私人飞机，发展领空了，你如今连一片土地都没占领，还在“穷人忧地”……

没关系，各人有各人的活法，每个人的人生轨道都不相同。以生命为圆心的圆可以有无数个，关键是要真实地、好好地活着，这已足够。用不着盲目地去比较，总是否定自己，瞧不起自己，就会丧失信心；总疑春色在人家，不懂得经营自己的长处，就会苦闷无比；拿自己的短处跟别人的长处相比，越比越不是滋味。平常人有平常人的活法，平常人有平常人的快乐，只要活得充实，生活就有滋味。过多地比较，反而苦恼不断。认真地活着，生命的每点每滴都是真水，能穿石、能折射太阳的光辉，聚起来就是一个幸福的海洋。

· 面对不幸，你完全能改变

也许你是这支毕业大军中的不幸者。读了这么多年的书，花了不知多少学费；也许自己还是个特困生，还助学贷款，家里和自己都欠了一屁股债；毕业时，好久都没找到满意的工作，好不容易碰到个过得去的，可没做多久又失业了。这样的情形甚至会反复几次。但我要告诉你，你完全能改变。首先你要分析一下原因：

（1）客观方面的原因。如今大学扩招，毕业生相对较多，就业难，考研究生难，出国留学镀金难，考公务员同样是难上加难。几乎每年毕业时，新闻里都会提到“结构性矛盾”，高校专业设置的不合理造成了就业形式的严峻化。每次人才交流会上，其实还是有不少岗位的，当然也有大量需要工作的毕业生，但两者就是难于匹配，用人单位也感叹：“该来的没来，不该来的却来了一大堆。”

（2）主观方面的原因。这比较复杂，也许你不幸，头脑不如其他人那样聪明；也有可能是你情商指数偏低，不如其他人在社会中那般如鱼得水……总之，你毕业这几年，换了无数份工作，做过无数次努力都没有混好。

不管是出自何种原因，你没有必要畏惧人生的风雨，你应该勇敢地面对，用良好的心态去看世界，就如同看风景，有什么样的心态就会有什么样的生活。盲人海伦最终看到了世界的美丽和精彩，她实现了自己的人生价值。周婷婷自幼双耳失聪，在其父的教育培养下，成为一名留美硕士。

当不幸成为你毕业后的一部分，面对残酷的现实，你可以哭泣，但不要沮丧，你要有擦干眼泪的勇气，因为带着眼泪是看不到光明的世界的，你要有看到明天的信心。

• 不断地投资自我

改变，首先得有个乐观的心态。其次就是投资自我。被誉为“投资奇士”的吉姆•罗杰斯是金融大亨李罗斯最为出色的搭档。后来，罗杰斯总结自己多年的投资经验，教诲学生：一生中毫无风险的投资事业只有一种，即“投资自我”。这到底是为什么呢?

据资料统计表明，在当今发达的资讯时代，一个人离开学校三至五年后，在学校所学的知识就几乎完全过时。换言之，一个人自离开校门那天起，所拥有的学历价值就开始贬值。几年前，在中国教育界较有影响的图书《中国新教育风暴》的作者也指出，中国历来教育有一大误区，就是让学生花大量时间学习很多已没有实用价值的“死亡知识”。

由此可见，要在激烈的竞争中不贬值，补充知识、提升自我价值是很有必要的最好的办法就是要懂“蓄能更新”，随时更新自己的知识储备。需要特别说明的是，“投资自我”包括很多方面，除更新知识外，还有人脉的提升，情商的栽培；除了个人的核心技能外，还要“一专多能”，甚至培养自己的第二专长。此外，向别人学习，和有经验的人分享相关工作经验，也有利于开阔自己的“隧道视野”，提升能力，等等。

在此，以我的一个同学为例。毕业后的他在第一年里参加了学习，开拓了视野；在第二年懂得了要“常回家看看”，增加了幸福感；第三年在一个陌生城市交了几个“死党”，扩大了交际圈；第五年学会了处事更理性，提高了情商；第九年学会给对手一块面包，和不喜欢的人也能打交道，提升了人脉。

不要担心自己会一直不幸，只要你勤于思，敏于行，施与爱，你就能在某个峰回路转处跟上成功的步伐，成为优秀的人。

每一年，每一个十年，只要没有蹉跎过，就是成功的。你只须在每一寸时光中跳跃、挣扎，这就是向岁月证明着你存在的最好方式。

每一年、每一个月、每一天、每一小时，经历过后你也许会想不起自己曾经做过什么，却终究会发现自己在慢慢长大，朋友在增加，工作干起来越发顺利。汗水已在键盘上风化，幸福的风景将会连成一幅幅动人的Flash画面。

人生的意义其实很简单，只要好好活着，不是白白地度过。纵使每一年都留下一些遗憾，留下很多教训，但也留下了美好的希望，引领我们向下一个年头走去。

同时，在追逐命运的过程中，你还应当懂得这么一个道理：人生的幸福是，三分之一关注物质，三分之一关注精神，三分之一关注自然，完整的生活是这三者的有机融合。

· *丑小鸭的成功公式*

讲到这里，我再告诉你一个成功的公式：

100%成功=100%意愿+100%方法+100%工具+100%行动成功，其实就是达成预期的目标；意愿是完成该目标的企图或者说是欲望的强度；方法是把意愿转化为结果的措施；工具是我们“延长”的价值，行动是把“意愿”与“方法”变成结果的实施过程。

成功来自于方法。方法得当，办事顺利；方法不当，可能会南辕北辙。成功需借助工具，通过工具往往能够将不可能的事就成可能。凡事要善于运用方法和工具。需求——寻找——出现问题——尝试——利用资源——采取合适的方式——达成目标。

为了更好地理解这个公式，我们来看这样一个寓言故事。

一天，众鸟在争论，谁能飞得最高，最后它们决定来一次比赛。鹰觉得它肯定能飞得最高，就用力地往高处飞直到再无力往上飞时为止。这时候其它的鸟都已回到地上，只有鹰高高地飞在天上没有回来，但是它没有想到，在它的背上趴着另一只小鸟。当鹰已经飞不动的时候，这只小鸟从它的背上一跃而起，飞得比鹰还要高。

按照马斯洛“需求层次理论”，在现实生活中，每个人都希望自己飞得更高一些，这就得为实现自我价值而寻找更为广阔的舞台。但是他们到底能飞多高呢？这很大程度上要借助下面的那只鹰。这只鹰就是你的思想和意愿，思想有多远，人就能走多远；这只鹰就是你的工具和方法，工具和方法发挥得越有效，你的人生就会越美好；这只鹰就是你的人脉，你人脉的枝条越茂盛，你人生的天空就越大越蓝。

·心得·

时间是最好的魔术师。看起来似乎是不可能的事，在经过一段时间以后，往往就会成为理所当然的事。要学会化消极为积极。

不要以为自己现在不幸，梦想就不可能实现。不要因一时想不开而轻生，好死不如赖活着。蝼蛄尚且偷生，何况是人？“无论今生多么悲惨，都比来世美好。死亡只是尘埃，一切已不复存在；活着就是至乐，并非一无所有。”

因此，哪怕命运再艰难，哪怕生活有再多烦恼，哪怕希望再渺茫，也要坚持活着，活下去就有希望。著名作家曹禺说：“坚持这么一阵子，难关就渡过了。”

拿破仑说：“如果你是弱者，你仍是你最大的敌人；如果你是勇者，你就是你最佳之友。”富兰克林·罗斯福夫人说：“低人一等的感觉源自内心而非他人。”荣获诺贝尔文学奖的巴·辛格说：“如果你总是说事情会变糟，那结果往往如你所言。”

因此，即使你能力较别人逊色，也千万别自卑，只要记住以下三点，你也能走上成功之路：

（1）每个人都有自己最强的一项。有人会写，有人擅算；对一些人来说很难解决的事，对另一些人而言简直是小菜一碟。你可以找到自己的强项，做最适合自己的事情，不要迎合别人的口味而去做一件不属于自我，但是又要付出很多时间，甚至一生代价的“难事”。

（2）要经得起别人的嘲讽和打击。如果有一个考题，别人只花15分钟，而你必须用2个小时完成的时候，面对他人的讥笑与打击，你无须在意。只要自己尽力而为，把事情做好了就是成功。

（3）不必跟自己身边的人攀比。如果你周围的人又高又大，跑得很快，而自己又小又矮，为什么一定要跟他们比呢？知道自己在哪里可以停止，这非常重要。

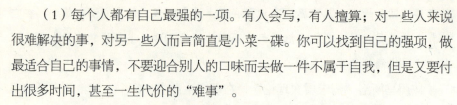

像太阳一样能落能升

——遇挫千万别气馁

俗话说：

“马有失蹄，

人有失足。”

栽了跟头，

不必抱怨和气馁；

没有摔过跤，

未必就是好事。

吸取众多跌倒后的教训，

你的人生会站得更加挺拔。

没有经历过挫折的人，

往往经不起一点风吹雨打。

在北京生活了多年，刚结识新朋友时，人们会问我是哪里的人，我说我是玉溪的。大部分人都不知道玉溪，我说你知道国歌作曲者的故乡吗，回答也是不知道。当我说起红塔山、红塔集团……大家都知道，甚至有人还能说起当年领导红塔集团的当家人褚时健的一些掌故。

褚时健虽然犯过错，甚至是中国最具有争议性的财经人物之一，但在很多人心目中，他依然是个值得尊敬的人物。2002年，已步入古稀之年的他因为严重的糖尿病获批保外就医，回到家中养病，并且活动范围只能限制在老家一带。按照我们的设想，他在老家能颐养天年，这就是他最好的结局了。

然而他并没有选择这样生活下去，而是承包了两千亩的荒山，开种果园。这时，他已经有75岁了，身体不好，所承包的荒山又刚经历过泥石流的洗礼，一片狼藉，按当地村民的说法，那是个鸟不拉屎的地方。太多的困难并没有阻他的疯狂行为，他带着妻子进驻荒山，脱下西服，穿上农装，昔日的企业家变身为一个地道的农民，用汗水将荒山浇灌成了绿油油的果园。奇怪的是，在昆明，集市上的橙子10块钱4公斤，而他种的冰糖脐橙1公斤8块钱你都买不到，因为产品一出来就发往深圳、北京、上海等城市，在云南根本见不到踪影。

他的果园效益好得惊人。这一年，爱好爬山的王石来到了云南，特意抽时间专程去看望他。他们俩在一起交谈，没有一句言及企业管理，褚时健向王石介绍的都是果园的状况，当地的气候和果苗的长势。言谈之间，他自然谈到了一个核心问题：两千亩的荒山如何管理？

原来，在管理果园的过程中他延续了以前管理烟厂的办法。经营烟厂时，他一直与烟农互利。为了让烟农种出优质烟叶，他采用由烟厂投资，直接到烟田去建立优质烟叶基地的办法，并且把进口优质肥料以很低的价格卖给烟农。当时烟农有好多都富了。与烟农“双赢”的烟厂，原料一天比一天好，竞争力一天比一天强，卷烟厂最后变成了“印钞工厂”。

而在果园，有300多个农民在忙碌，他给每棵树都定了标准，产量上他定个数，能收多少果子就收多少，因为太多会影响果子质量，所以多出的果子他不要。这样一来，果农一见到差点的果子就主动摘掉，从不以次充好。

他还制定了激励机制。只要承担的任务完成，一个农民就能领到四千元工资；质量达标，再领四千元，年终奖金两千多元，这样算下来，一个农民一年能领到一万多元，比到外面打工挣得还多。

以前，褚时健管理烟厂的时候，想到烟厂上班的人挤破头；现在他管理果园，想在果园干活的人也挤破头。这个已过古稀的老人，面对人生的沧桑，懊恼过、痛苦过，但跌倒后站起来，又一次点燃希望之火，用心过日子，将日子过得红火，让周围的人幸福、快乐。

王石感慨地说："非常受启发。他居然承包了两千多亩山地种橙子，橙子挂果要6年，他那时已经有75岁了。你想象一下，一个75岁的老人，戴一个大墨镜，穿着破的圆领衫，兴致勃勃地跟我谈论橙子挂果是什么情景。两千亩橙园和当地的村寨结合起来，带有扶贫的性质；而且还是用沼气做肥料，环保得很。虽然处在他那个状况，但作为企业家的气质和胸怀始终未变。我当时就想，如果我在他那个年纪我会想什么，说不定要遭到挫折。我知道我一定不会像他那样，我想我75岁时肯定是在一个岛上，远离城市，离群索居。"

说了褚时健，又让我想到了克林顿。克林顿当年参选总统，可谓旗开得胜。选票还没统计完，就已经知道成功当选。世界各大主流媒体的封面差不多都是克林顿的脸，英俊儒雅的老布什却败给了这位一脸花花公子相的克林顿。由此可见，克林顿的走红，是势不可挡。

但是东窗事发，随着莱温斯基案，克林顿在很长时间又占据了美国媒体的头条。这确实是一桩龌龊的事。随着调查步步深入，越来越多丑陋的细节不断被曝光，克林顿的光辉形象一落千丈。被讯问又遭弹劾的他，被性丑闻整得不像人样，见着谁都有点灰溜溜，在联合国开会与各国政要相处多少也有点夹着尾巴，你什么时候见过克林顿谦虚地像个小学生似的听英国首相布莱尔指教?

但最精彩的还要数南非前总统曼德拉给克林顿上的一课。曼德拉以80年的人生阅历语重心长地对毛头小子克林顿说："生命中最伟大的荣耀并不在于永不跌倒，而在于跌倒了能顽强地站起来。"

字字千钧，掷地有声，句句都落到心坎里，说得克林顿泪眼汪汪直点头。

这样一句精彩的人生格言由一生坎坷、德高望重的曼德拉在克林顿备受打击、最需要人支持和鼓励的时候说出来，真是再合适不过了。曼德拉在监狱中蹲了27年，为消灭南非的种族隔离制度奋斗了一辈子，每一个了解曼德拉的人都能够掂出这句话的分量。在如此重要的人生关头听到高人的指点，许多人都相信克林顿会永生铭记，从中获得重新做人的勇气。

果然，克林顿扛住了，在咬牙挺过最难堪的时刻，倒显出了“不以物喜，不以已悲”的大度。最后，这段弹劾案以克林顿的获胜而告终，连独立检查官存在的合理性都受到深刻质疑，而与莱温斯基的一段性丑闻，还成了他一生的卖点。克林顿写《我的生活》时，出版商对他信心十足，还不知道他要写什么呢，就一口气掷下1200万美元的天价稿酬。是的，在跌倒后又站起来的他，却因此而成就了他的另一笔财富。曼德拉对克林顿的教诲，真可谓生活的金言玉语。

·心得·

人生的道路不可能都是平坦笔直的。在崎岖曲折的道路中人的确容易跌倒，可事实上，即使行走在宽阔平坦的大路上也会摔跤。摔跤并不都是因为路，很多时候原因是在人身上。

不管你是在什么地方上摔倒的，关键就是要学会坚强地站起来，勇敢地站起来。伤口虽然很疼痛，但你会发现重新站起来的精彩。

不顺是老天留给你调整心态的机会

——拥有一颗乐观的心

世界上没有什么是一成不变的，
生活就像大自然：
有寒冬，也有阳春；
有酷夏，也有深秋。
走运和倒霉都不会持续太久。
当人生的黑夜到来，
不妨打个盹；
当人生发生不顺，
自己不妨调整一下下。
一切都会过去，
困难只不过是瞬息。
冬风来了，
春天就不会太远了。

处变不惊、知足常乐是中国人最推崇的平常心态。她就是靠这一点赢得胜利的。小时候她因为耐力和稳定性好，被到学校选材的县射击队教练看中了。后来，她又进了省队、国家队。她自然也获得许多重要的奖项。2004年时她参加了雅典奥运会，可以说这是她生命中一个很重要的时刻。

预赛时，按组委会规定，在赛前要对每个选手的衣服进行检查，然后在扣子上做标记。但因为工作疏忽，检查她的裁判忘了给她做记号。比赛就要开始了，正在备赛的她突然看见一个裁判气势汹汹地站在她面前，要对她重新进行检查。她的教练在场边看到后气愤不已，因为这正是队员稳定心态、静心比赛的关键时刻，容不得一丝打扰。但她只是微微一笑，让裁判进行了第二次检查。预赛开始后，她两次把枪架碰倒，让场边的教练再次倒吸了几口凉气。但她很利索地两次将架子扶了起来，重新安上后开始比赛。

决赛中，她最强的对手——俄罗斯的加尔金娜一路领先，她则紧追不舍。细心的她发现加尔金娜心理稳定，节奏感也非常出色，而自己是出了名的快枪手。于是，她改变了战术，和对手拼起了节奏和稳定，基本都是在加尔金娜出手后再出手，最后一枪更是在对方失误后再稳稳地一扣，打出了10.6环，而加尔金娜才打了9.7环。最终，她以总成绩比加尔金娜多出0.5环的优势夺得了金牌，也成为中国代表团参加雅典奥运会的首金获得者。一夜之间，她的名字传遍了世界的每一个角落。她就是来自山东淄博的“美女射手”——杜丽。

夺冠后，有记者问到她赛场意外及其心理准备时，她笑了，说：“遇到干扰或挫折我都是保持一种比较积极的心态。像我的枪架倒了，第一次碰倒时，我心里有点怵；第二次碰倒后，我就想也许老天的意思是要我休息一下，我就不觉得这是不利情况。其实我自始至终都是想着战胜自己，没有去想别人怎么样。始终都是在提醒自己，只要战胜了自己，就战胜了所有的人。”

·心得·

我们都知道心态的重要，良好的心态能够影响个人、家庭、团队、组织的发展，最后影响到社会的进步。好的心态能让你成功，坏的心态能使你毁灭。

然而，保持一个好心态却不是一件易事，尤其是在多变的今天。变是唯一的不变。

古人教导我们说：“泰山崩于前而色不变，麋鹿兴于左而目不瞬，然后可以制利害，可以待敌。”讲的就是要以处变不惊的心态去应对生活和社会的变化。

在竞争当中，怎样处变不惊，保持心态平稳，赢得最后的胜利？杜丽说得好：“只要战胜了自己，就战胜了所有的人”。

那怎样战胜自己呢？就像杜丽一样，遇到挫折和不顺时，别人可能心慌，她却看做是一次休息的机会，一个缓冲的时间，让自己的精神加满油，用更好的状态去面对挑战。也许，挫折或意外有时候真的就是老天爷特意留给你调整心态的机会。

做事未必得有个好的开头

——坚持往往就会好转

万事开头难，
许多事情在开始的时候，
都是很不容易做的。
难就难在人们的急躁，
要未来的结果能立马看到。
当你的想法和做法不被看好，
甚至受到阻挠！
那干脆不管开头，
把自己的想法好好地做下去，
成功往往都是在坚持下诞生，
因为人生真正的难，
是难在执行与坚持！

追寻成功人物的人生轨迹，我发现他们当中有不少人的起点竟然充满挫折。

《百年孤独》是作家加布里尔·加西亚·马尔克斯创作的一部世界名著。想当年，此书一面世即震惊拉美文坛及整个西班牙语世界，并很快被翻译为多种语言。马尔克斯也因此成名天下。这部饮誉世界的经典作品，将现实主义与幻想结合起来，创造了一个风云变幻的哥伦比亚和整个南美大陆的神话般的历史。

然而，马尔克斯写这部小说，一开始就充满了困难与挑战。他在1965年着手创作时，已经38岁了，他只是一家广告公司的普通员工，在社会上也没什么名气。为了专心写作，他还辞去了工作。这样，维持一家四口的生活重担全部落到了马尔克斯的妻子梅赛德斯身上。

可想而知，马尔克斯写这本书，必须面对经济上的巨大压力。但他不能想这么多，否则他就不能静下心来进行创作。

马尔克斯后来深情地回忆说，在长达十八个月的写作期间，自己都不知道妻子是如何筹款维持生活的。直到有一天，梅赛德斯接到房东电话，催她交已拖欠三个月的房租，便问丈夫还有多长时间才能写完。马尔克斯答道："六个月。"于是，梅赛德斯对房东说："先生，我们不仅要欠您三个月的租金，还要欠您六个月的房租。"与马尔克斯一家是旧识的房东很爽快地回答："那么七个月之后您能全部还清吗？"在梅赛德斯表示同意后，房东说："只要您能信守诺言，我也完全愿意继续等下去。"豪爽的房东帮助马尔克斯一家人度过了最为艰难和拮据的一段日子。

马尔克斯和妻子在《百年孤独》初稿完成的当天便赶赴邮局，准备将稿子寄到阿根廷的一家出版社。七百页的书稿被称完重量后，他们被告知需要八十三比索的邮费，而山穷水尽的马尔克斯当时只有四十五比索。夫妻俩不得已只能先邮寄一部分书稿，可谁知仓促寄出的居然是后半部分。尽管如此，出版社的编辑在阅读书稿之后如获至宝，立即请求马尔克斯将前半部分寄给他。在出版社的帮助下，《百年孤独》才得以问世。

试想，如果马尔克斯在开始创作这部小说时，害怕经济上的困难，他能写出这部传世名作吗？

杰克·甘菲德和马克·翰森编纂《心灵鸡汤》一书时，更为糟糕，曾找过100多家出版社商量出版此书，都碰壁了。他们还不像马尔克斯，写完投稿后就有出版社的帮助。但他们没有泄气，继续努力奋斗，后来，终于有家小公司答应帮助。《心灵鸡汤》出版之后非常畅销，其后出版了一集又一集，总销假量超过1,200万册。这个例子又一次证明：如果一开始就不顺，就不坚持，那就不会有这么多成功的奇迹了。

在耶鲁，有个大学生，忽然产生了一个创新性的航空货运理念，他认为这个想法必然会使人们发送和接受邮件包裹的方式发生翻天覆地的变革。于是，他在经济学课程的期末论文中提出了自己的这个想法。结果令人伤心的是，教授打回了他的论文，封面上有一个红笔写的硕大的“C”：“理念很有趣，也很严谨，但是，如果你想得到高过C的成绩的话，就不要写这些不可行的事情了。”

成绩虽让人沮丧，但是他始终坚持，并终于募集到了7,200万美金的贷款和证券投资。几经挫折和失败，并在头几年的经营中遭受了巨大的损失，1975年，他终于迎来了近2万美元的盈利。

这个学生就是联邦快递公司（Federal Express）的创始人和首席执行官的弗雷德·史密斯。他凭着坚韧和对梦想不懈的追求，终于在别人认为“不可行”的想法基础上开创了一个价值70亿美元的跨国企业。今天，他的富有远见的公司在全世界210个国家中开展业务，员工超过14万名，日处理邮件量超过300万件。

人生不见得事事都有个良好的开头，要风得风，要雨得雨，如果我们太在意开头，因一点困难就放弃了你久藏于心头的想法，非得等万事具备才肯坚持，才肯去做，那结果注定要失败。因此你不妨别去管什么开头，继续坚持下去。

·心得·

“良好的开端是成功的一半”，这是一句有名的西谚，很多人常挂在嘴边。在西方，大凡做事，如果出现一些祥和的兆头，人们便以此相赠相期。这句话传到中国后，亲戚邻里之间，总是以“旗开得胜，马到成功”、“开张大吉”，作为善颂善祷的贺词。它使人听了委实觉得心里美滋滋的！

我一直认为这话是对的，但现在仔细一回味，又顿生疑窦：一个良好的开端便是成功的一半，天下岂有这等先难后易的便宜事？因此，我觉得这话多半是一种美好的愿望。现实中更大的是万事开头难。

为什么万事开头难呢。难就难在我们刚做事时心中没有特别明确的前进方向，未来的结果不是立马就能看到；或者是这件事很多人做都失败了；或者是支持者多反对者少；或者风险系数大，成功率小；或者生活压力太重……总之，万事开头难的情形很多，世界上什么事都一帆风顺，几乎没有。

对此，我们可以不管开头，只要有好的想法和创意就好好地做下去，说不定一项新的发明和成就就在你的坚持下诞生和实现，并且成就了你自己。

给自己一个梦想的高度

——做人生风景的设计师

有时候，
生活可以是一片高贵的楠木，
也可以是一片低贱的杂草。
每个人就是改造这片天地的园丁，
每个人都能做人生风景的设计师。
如果你给梦想一个高度，
如果你不怕林中的荆棘，
如果你顽强地去做了，
这片天地就多了一片森林，
这片天地就多了装扮生命的风景。

有这样一个人，他的人生可谓“悲惨世界”。两岁的时候，突然就奇怪地停止长高了，原来他患了一种阻碍食物消化和营养吸收的罕见的疾病，医生们认为他只能再活6个月。也就是说，他的一生只有2岁6个月。

也许是这个原因，他被遗弃了。幸而有人收养了他，通过静脉注射营养液，勉强恢复体力，延长了寿命，但是他的生长发育依然受到了抑制。人们都嘲笑他是“花生豆”。

他在医院里一直住到了9岁。记得在医院的那段时光，他最喜欢的就是看姐姐滑冰，只要他姐姐去，他总是要跟着去。他站在场外看，鼻子里还插了一根通到胃里的鼻饲管。而他的身体，显得是那样的瘦弱。

一天，他看着姐姐在场上飞驰，突然对父母说：“我想试试滑冰。”结果把大人给吓了一跳，因为他们简直不信如此病弱的孩子还会提出这样不切实际的要求。

但最终还是让他试了，他竟然迷上了滑冰，而且每天都要练习。

时间过了一年，医生吃惊地发现，他竟然又开始长个儿了。由此，他给自己树立了一个梦想，立志在体育上取得成功。他发誓要用成绩去报复那些嘲笑他是“花生豆”的人。

当然，他的身高要长得像正常人那么高是不可能了，但他毫不介意。他很高兴自己一天天地健康起来，他对实现自己的梦想越来越有信心。

后来，他成了职业滑冰选手，他在滑冰上取得了相当好的成绩。他在场上一系列高难度的动作让观众惊叹不已。原先嘲笑过他的人都对他刮目相看。

虽然他身高只有1.59米，体重才52公斤，但是他肌肉健美，精力充沛。他就是前奥运滑冰冠军——斯科特·汉弥尔顿，他自信而自强，身高无法限制他的信念和力量。

人于天地间，很难有个完美的人生。有的人缺钱，有的人家庭不和睦，有的人能力不强，有的人身体欠佳，有的人遭受歧视……

这个地球上既有阳光的照耀也有风雨的侵袭，有庄稼的地方就会有杂草滋生。

只是面对人生不幸，有的人在不幸面前退缩了，不幸便成了他的绊脚石，让他沉沦其中不能自拔，于是不幸成了他抱怨一生、意志消沉的理由；有的人则能积极面对，他总是能够在不幸中奋起，在不幸中寻找生命的价值，在挫折中发现机遇，于是不幸变成了他前进的动力，最终获得了成功。

生活中无论遇到什么困难和挫折，都要为自已树立一个梦想的高度，以灿烂的微笑面对生活，相信自己，一点一滴的努力之后，奇迹一定会出现。

·心得·

给自己一个梦想的高度，一粒泥土就变成了巍峨的九层之台。给自己一个梦想的高度，一粒种子就成了参天大树。

人也一样，给自己一个梦想的高度，命运就能改变。特别是当我们发生了不幸的时候，更应当给自己一个梦想的高度。只要坚持飞扬，像斯科特·汉弥尔顿一样，就能达到生命的高度，就不会活得比别人矮一截。

人，可以活得平淡，但不能活得平庸。奋斗改变命运，梦想却能让人生多姿多彩。

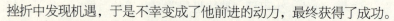

勿因碰壁就让梦想溜走

——再困难也要留住梦想

别人已经放弃，
你还在坚持；
别人已经后悔，
你还在向前；
别人还在寻觅，
你已到达成功的彼岸。
所以，
你若不放弃努力，
就不会有失败，
一定要选择你所爱的并爱你所选择的。

梦想是美好的。有人说："那挂在枝头上的成熟诱人的果实，正是花之梦在穿越了许多风雨后所奉献给大自然的甘甜；那农民镰刀下的收获，正是种子在投入大地之母的怀抱时的梦想之花，在历经寒暑的洗礼后所成就的现实。造物主是仁慈的，只要我们有梦想之花，并用心去守护，它就会让我们梦想成真。"

李安当初报考美国伊利诺大学的戏剧电影系，遭到父亲强烈反对，因为美国百老汇竞争异常激烈，录取率大约是千分之四。但电影这个梦已经深深地扎在李安心中，他不顾父亲反对，毅然坚持了自己的选择。

尽管他顺利地进入了伊利诺大学，但到大学毕业时，他才体会到父亲的话是千真万确。在美国电影界，对一个普通的华人来说，要想做出番事业来，确实太难了。

从1983年起，他大多数的时候都是做勤杂工，帮剧组看看器材，做点剪辑助理、剧务之类的杂事。最痛苦的经历是，曾经拿着一个剧本，两个星期跑了三十多家公司，一次次面对别人的白眼和拒绝。

转眼他都快三十的人了，想想古人说的三十而立，他都有点想放弃心中的电影梦。幸好，他得到了妻子最及时的鼓励。

李安与妻子是大学同学，但她是学生物学的，毕业后在当地一家小研究室做药物研究员，薪水少得可怜。那时候他们已经有了大儿子李涵，为了缓解内心的愧疚，他每天除了在家里读书、看电影、写剧本外，还包揽了所有家务，负责买菜做饭带孩子，将家里收拾得干干净净。每天傍晚做完晚饭后，他就和儿子坐在门口，一边讲故事给他听，一边等待"英勇的猎人妈妈带着猎物（指生活费）回家"。

靠妻子艰难养家的生活，对一个男人来说，是很伤自尊心的。有段时间，岳父岳母让妻子给他一笔钱，说是去开个中餐馆，也好养家糊口，但好强的妻子拒绝了，把钱还给了老人家。这件事让李安辗转反侧想了好几个晚上，终于下定了决定：也许这辈子电影梦离他太远了，还是面对现实吧。

接着，李安去了社区大学，看了半天，最后心酸地报了一门电脑课。

那个年头，对于缺钱的人家来说，生活可以压倒一切。那几天，李安一直萎靡不振，这种情形很快被细心的妻子发现了。她发现了他包里的课程表。那晚，他们一宿无话。

就在第二天清晨，去上班之前，她即将上车时忽然转过身来，一字一句地告诉他：“安，要记得你心里的梦想。”

这句话，让他心里像突然起了一阵风，那些快要湮没在庸碌生活里的梦想，像那个早上的阳光，一直射进心底。妻子上车走了，他拿出包里的课程表，慢慢地撕成碎片……

后来，李安的剧本得到基金会的赞助，他开始拿起摄像机，再到后来，一些电影开始在国际上获奖。这时，妻子重提旧事，她说：“我一直相信，人只要有一项长处就足够了，你的长处就是拍电影。学电脑的人那么多，又不差你李安一个，要想拿到奥斯卡的小金人，你就一定要保证心里有梦想。”

2006年，李安拿到奥斯卡，让全世界华人为之惊喜和欢呼，因为这是华人第一次拿到那个小金人。他说，自己的忍耐和坚持，妻子的鼓励和付出，终于有了回报，这让他更加坚定，在电影这条路上还要一直走下去。因为，他心里永远有一个关于电影的梦。

当人生走入窘境，只要稍一妥协，梦想就可能会溜走。然而就在这个关键时刻，妻子给了李安及时的鼓励。可敬的妻子，她是爱人梦想的守护者；可敬的丈夫，他是伟大梦想的坚持者。因为有了爱，才会理解爱人的梦想，才会为他守护梦想，才会愿意为他的梦想去付出，因为她知道自己的爱人只有抓住梦想才快乐。哪怕只是让他能处于追求梦想的过程中！

就在前几天，我还拿这个故事鼓励一对同学恋人。他们俩也到了三十而立的年龄，在亲友的眼里，他们是失败的：只知道喜欢画画，没有固定职业，没有足够的积蓄，没有房子，一直在外地漂着，没有安顿下来。

在听完我的故事之后，女同学顽皮而又充满爱意地模仿李安妻子对她男友说：“你也一样，要记得你心里的梦想。”那一刻我的心里真有点潮湿的感觉。都是初恋的两个人，因为画画结识、相爱，求学时经历了多年的分离，这么多年顶着世俗的压力坚持了这么久，而且一直这么相互鼓励、惺惺相惜，在未来一片茫然的时候一起去渡过逆境，这是多么地不容易！

也许在磨砺一段时间后，他们会到达梦想的彼岸，在精神家园丰美的同时还可以画笔一挥就黄金万两。当然也可能像很多落寞的艺人一样仍紧握画笔却两手空空。

人的命运，有时像赌博，但是追求梦想绝不是赌博，因为有些人生来就是为梦想而活！寻找梦想的过程就是人生最有意义的篇章！

眼下“80后”们追捧的鲜花豪宅、香车美人的浪漫其实不是真正的浪漫，因为流于形式，因为掺杂了太多的铜臭味，而这种逆境中的相互携扶才是真正的浪漫！

如果此刻你或你的爱人的心中还有梦想，请你一定坚持，请告诉你爱的人，一定要坚持，别轻易让梦想溜走，因为仅仅这个过程可以让人不虚此行！而当梦想的太阳升起时，我们会更加懂得晨曦的美丽！

·心得·

这个世界上，有梦想的人其实是相当多的，但能实现梦想的却寥寥无几。为什么会这样呢？

其中一个很重要的原因就是，他们过早地放弃了。梦想的成功来源于顽强地坚持。只有坚定的人才有机会去实现梦想。史泰龙当初带着自己的剧本，去美国的五百家好莱坞公司拜访，结果得到了五百次拒绝。但他不放弃，又进行第二轮的拜访，同样的得到五百声“不”。他还是没有放弃，又进行了第三轮的访问。也许是他的执著感动了上帝，第三百五十家公司决定投资开拍他写的剧本并让他担任主角。结果，他成功了。

实现梦想的道路大多是充满坎坷的，只有带着一颗坚定的心走下去，才能到终点。

西西弗斯的新观念

——再苦也要笑一笑

身处逆境要学会乐观：
陷入池塘时，
不妨看看你的口袋，
是否有鱼儿在跳跃。
乐观的人看见长刺的玫瑰，
会说那花好芳香；
乐观人看见地上有陷阱，
会说旁边有绕开的路。
生活总有开心的事，
再苦也要笑一笑。
当我们唱着歌儿走向远方，
路途会变得不再单调漫长。

西西弗斯每天必须做这样的工作——把一块巨石推到山头，可每当日落之后，这块庞大的石头又滚动到山脚，第二天他又得重推到山上。就这样，日复一日，反反复复。

我们每个人，每天清晨一大早就得起床，与时间赛跑，相似的工作日复一日，不就像那被罚推巨石的西西弗斯吗？每天都做着枯燥无味的同样工作，何时能熬出青天白日呢？甚至还憎恶老板太黑，采取“偷懒”“罢工”手段来应对。这就是消极的工作态度。这就是平庸的活法。其实，不论你选择哪个行业，都难免做一些自己不乐意做的事。

关于西西弗斯的故事，我还看过这样一个版本。前面的故事情节差不多，后面说的是：傍晚时，有人吃惊地发现他在美丽的夕阳下，一边吹着口哨，一边迈着轻盈的步伐，脸上是无忧无虑的神情，全不像传说中的那副痛苦模样。还没等这人开口，西西弗斯就举起双手，兴奋地喊道：“喂，你看，我抓住了一只多么漂亮的蝴蝶！”这是懂得享受身边的风景，抓住身边的快乐。

其实，在我们这个世界上，不止西西弗斯。有人被猛虎穷追不舍而坠入悬崖深谷，慌乱中抓住一根救命的枝藤，庆幸中回首一望，脚下竟是一条蟒蛇，正昂首吐舌。扭过头向上一瞧，一只硕大的老鼠正以锐利的牙齿啃他手中的那根枝藤。就在这生死一瞬间，他却腾出一只手，猛地摘了旁边一颗草莓，放到嘴里：这味道真是好极了！

·心得·

无论是在工作还是生活中，诸事并不全都是糟糕透顶的。无论我们处于多么恶劣的困境中，上帝及他所创造的恶蛇猛兽再怎么威风无比，对那些太细太小的事情也鞭长莫及，只要我们关注于此，就会拥有自己的幸福。

事实也再次证明，我们越是关注那些好的事情，心情就会越快乐，工作效率就会越高，结果也会变得更成功。反之亦然。记住，痛苦、怀疑、抱怨、拖拉、厌倦等消极态度，造成了现实和理想之间的差距。

因此，当我们发现自己的处境不利之时，要选择积极的态度，努力发现好的方面，接着发掘这些好的方面的优势，在此基础上重建信心。

第六章

The sixth chapter

浇根润心

——给生命一杯慰藉

生命不能承受之快

——慢一点，生命会更美

我们生活在，
一个“速度至上的时代”：
成名趁早，致富要快，
英语速成，男女闪婚……
我们每天上班，
总是“冲冲冲，赶赶赶”：
匆匆盥洗，快餐果腹，
快速赶车，行色匆匆……
我们的生活像打仗，
快得让人缓不过一口气。
我们生活的滋味，
就像是囫囵吞枣的感觉，
不但幸福感降低，
时长还被缩短。
我们应当来体验下“慢生活”。

速度和效率是工业社会的标志。美国发明家富兰克林的那句名言“时间就是生命，时间就是金钱”，曾作为大工业时代的座右铭，影响了全世界。我们国家也提出了“效率优先，兼顾公平”的理念。

不可否认，“快文化”对人类社会物质文明的进步有重要贡献。

但我们也应清醒地看到，自大工业时代以来，对速度的崇拜让快文化占据了我们的潜意识和价值体系，使得越来越多的人开始沦为时间的奴隶。

我们拼命地追求快，可我们的灵魂却往往跟不上身体的步伐。当大自然的野趣和闲情逸致离我们越来越远，当过劳死、抑郁症、亚健康越来越无情地纠缠我们的身心，当急功近利的现象越来越影响我们的心灵，当心浮气躁的情绪越来越充斥我们的社会……我们不得不反思我们的生活。“生命中不能承受之快”，我们应当找到适合自己生命的速度，才能体验生命真实的幸福节奏。

前几天，我在《读者》上看过一篇《无福消受的浓汤》的文章，署名是王宇清。这篇文章虽然只是一篇“补白”的文章，但却给我留下了深刻的印象。

半年前我乘巴士在法国乡间旅行。

一次，汽车要在一个小镇上停留十分钟。闲着没事，我便走进了巴士附近的一家小餐馆。

餐馆十分的整洁，陈列台上有浓汤、各色沙拉以及咖啡和美酒。我想尝尝法式浓汤，便向老板点了一道。

“不卖汤。”

“什么？”我疑惑不解地问。

“请原谅。因为您是搭乘巴士的人，所以，我想您还是随便点个汉堡包或者三明治的好。不瞒您说，为了熬这汤，我花去了整整好几个小时，它的味道是全法国最棒的。面对这么好的美味，可您却只能有几分钟来喝它，太可惜了！我决不会让您糟蹋它的。”

我终于没能喝成这美味的法式浓汤。

但我却是完全能够理解小餐馆老板的。因为，在这位坚持不卖汤的老板看来，喝汤是一件应该十分强调品尝过程的事情。汤中那丰富与细致的滋味，唯有你慢慢与细细地去品尝，才能充分地领略到。三明治算什么！人们吃它，要的不过只是尽快地填饱肚子这个结果罢了。

现代人的生活喧嚣而忙碌，越来越多的人渐渐地变得只重视一件事情的最终结果，而往往却忽视好好享受与体味人生那丰富的过程。他们的人生越来越像是一个被他们在匆忙中咽下的三明治，细细去品味美味浓汤的感觉，已经离他们很远很远。

看了这篇文章，我想到与法式浓汤类似的水滴咖啡。水滴咖啡，今天很难喝到了。就是在过去，要想喝这种咖啡，许多人也没这个耐心。水滴式咖啡奉行一种水滴石穿、日久见人心的理念？急性子、心浮气躁的人是与它无缘的。

水滴咖啡的萃取得用四到十个小时的时间。你要是能坚持这么长时间，等杯子里的咖啡滴满以后，再小心翼翼地开启水滴咖啡，那一定会被芳香四溢的咖啡味所陶醉。

不容怀疑，水滴咖啡完全是靠咖啡豆在水的柔情细语下一点一滴地释放出来的，而咖啡豆也是有情有义的，在水滴的爱抚之下，咖啡豆如春蚕一样以蜡炬成灰泪始干的精神，奉献出了自己的全部精华。如此一来，比别的咖啡更虔诚的水滴咖啡也就得到了天地日月山川的孕育，其水豆交融所激发出的风味达到了其他咖啡所不能想象的境界。水滴咖啡出场之前所下的精致工夫，与旧时豪门贵族千金出嫁前在化妆上所花的心思相比，有过之而无不及。

水滴咖啡的自我追求，使得它远离了那些讲求速度、快捷的现代人。

从法式浓汤到水滴咖啡，告诉我们这样的一个道理：我们生活的步伐不应当时时都那么快，该快则快、能慢则慢，这才是一种身心的平衡。生活中有很多事情的过程和细节，值得我们放慢脚步，耐心地去体验。如果我们认真地去品味过程和细节，得到的不只是结果的喜悦，而且还有点点滴滴的经过所带来的无限乐趣。其实，这正应了当下一些有识人士提出的“慢生活”的生活理念。

·心得·

当今社会，有很多人活得不轻松。据2007年《中国青年报》社会调查中心所做的一项调查显示，84%的人认为自己生活在“加急时代”，其中71.1%

的人称，“精神高度紧张，压力大”是让他们着急上火的主要原因。

每个人都不该成为工作的机器，也不应被物质生活所俘获，心甘情愿或心有不甘地终日忙碌于职场，甚至牺牲掉自己的一切业余生活和身体的健康。

相反，人们应该懂得工作是为了生活，每个人都应当享受生活，而享受生活的前提之一，就是减慢生活节奏。

是的，人们应当放缓生活的节奏，哪怕没机会去喝法式浓汤或水滴咖啡，至少也可以给曾经迷失在快节奏生活之中的自己献上一碗香醇可口的“心灵鸡汤”。

应当说明，放缓生活节奏，有闲情、有耐性地体味生活，并非是把每件事都拖得如蜗牛般缓慢，而让我们活在一个更美好的世界中，“该快则快、能慢则慢，尽量以音乐家所谓的正确的速度来生活”。

生命得有张有弛

——懂得给身心放个假

疲劳用脑会使脑功能弱化，
内心抑郁会加速心理的衰老，
饮食无规会给身体带来疾病。
人的生命是宝贵的，
健康是1，
而荣誉、地位、财富都是后面的0。
如果前面的1没了，
那么后面再多的0也就失去了意义。
为了更好地把握一切，
就得学会给自己留有余地，
这是一种韧性的智慧。

曾经看过这样一个寓言。有个农夫养了一只鹅，一天农夫在鹅窝里发现了一个金光闪闪的蛋，让他喜出望外的是这个蛋是纯金的。最令农夫欣喜若狂的是，这之后，农夫每天都从窝里拾到一个金蛋，农夫也因此过上了富裕的生活。可是，他变得越来越贪心，以至觉得鹅每天只下一个金蛋，又少又慢。农夫迫不及待地想：鹅肚里肯定有所有的金子。于是，他把鹅杀了，结果发现它与别的鹅完全一样，不但没有什么金蛋，连普通的鹅蛋都没有。

产出与产能平衡是效率的精髓，放之四海而皆准。不顾健康，拼命地工作，拼命地赚钱，不去呵护健康、不好好休息，就会打破平衡，自己会活得很累，甚至累垮。

对待工作，我们没有理由不热爱，不投入。但是，人生的弦拉得太紧，就会断掉。给自己预留弹性，生命才会更有力度。

人生应当张弛有度。“张”当然是全力以赴，“弛”并不是懈怠，为张而弛；有目的“弛”也是“张”，是另一种形式的全力以赴。

阵发性的努力不是张弛有度。譬如烧水，烧到60℃停火，等降到20℃再加热，60℃再停，水永远也烧不开。人之所以成功不了，就是因为反反复复地做许多无用功，虽然力没少费，心思没少花，可惜就是难看到成功的曙光。

给自己留有弹性是一种柔韧的智慧，其目的是为了更好地把握一切。

当阅读了《登上健康快车》《4维健康生活》等书后，我意识到健康的重要性。我决定要有系统地锻炼身体，以弥补自己拼命工作带来的体能上的巨大透支。锻炼身体也一样，既要全力以赴，同时也要自己预留弹性，我是这样做的：

每周七天，至少要有五天早晨起床跑步；周一至周五晨练的时间是6：30～7：30，周六、周日晨练的时间则为7：00～8：00，甚至可以更晚一点。

计划安排得灵活，有一定弹性，有特殊情况可以不锻炼，周六、周日可以偷懒多睡一会，但多数情况下要坚持晨练。这样算下来，我每周常常有六七天是坚持晨练的，当我超过5天的目标时，我会给自己一些恰当的奖励，从而晨练的兴致更浓。

晨练这时已经不是什么压力，而变成乐趣了。当我持续这样做时，内心的成就感和自我超越的喜悦之情真是难以言表。而且，伴随着身体的越来越健康，我的精力更加充沛，我真正体会到一直以来人们所说的8-1>8的真理了。

现在，我比以前更早地看到美丽的朝阳，我的锻炼比以前开始得更早，更有意义了。我真不知道倘若当初我只是决定每天坚持晨练，一周7天将会是多么枯燥痛苦！

晨练带来的成就感，不由得使我思索：每天工作8小时，一周是40小时，每个星期都有双休日，每年还有3个长假……可过去的我还是觉得时光匆匆，一点时间也没有。

·心得·

一个人应当有一段属于自己的时光，唯有内外整体平衡，身心一致，我们才能拥有成功与快乐的人生。我们懂得工作与生活的平衡，我们将无往而不利，并能广聚资源集中能力，从而实现可持续发展。

也许你会问，如何赢得个人时间？其实，时间都捏在你手里，就看你怎么抓，怎么分配。你应当每天和自己订个约会，至少留出一点时间做自己真正爱做的事。你可以读一段小说，写几行诗，看看影集，望庭前花开花落、云卷云舒，索性吃点喜欢的零食，或者静静地坐着、闭目冥想，独享这份时光，当然还可以晨练或午练或晚练……

无论你选择什么，只要保证能使个人得到满足或快乐就行。一个人要是被工作、家庭或别人的要求压得喘不过气来时，很容易忽略自己的生活。每天给自己预留一点时间，提醒你：自己的欲望同别人的一样重要。

微笑的力量出神入化

——让生命充满微笑

“非典”在那一年是很可怕的，
然而当我们始终微笑面对，
真的SARS（Smile, And Remain Smile）时，
我们战胜了它。
微笑是一张世界的名片，
地球人都需要它；
微笑是心灵的阳光、夜行人的灯火，
能温暖和照亮整个世界；
微笑是形象化的哲理、秘诀式的智慧，
能在它那豁然一亮间帮人们打开心智之锁。
微笑看起来虽然很简单，
但蕴涵着的深刻道理并非人人都懂。
不要低估微笑的价值，
每天都微笑吧，
你的生活会因此而其乐无穷。

有人说，微笑是句世界语，懂得利用它能让你走遍天下不用愁。世界名模辛迪·克劳馥说得好：“女人出门时若忘了化妆，最好的补救方法便是亮出你的微笑。”

· 微笑是心灵的阳光

雨果说：“笑，就是阳光，它能消除人们脸上的冬色。”

有一位中国朋友，在法国读书的时候，有一天与同学相约去爬山，看到山顶上有一座古罗马建筑风格的城堡，虽然通往城堡的小路旁竖着一块警示牌：军事区域，闲人免进。但他们一行人被好奇心驱使，依然违背交通规则入了城堡大门。城堡里警铃声立刻大作，几个法国军人冲出来将他们这伙来历不明者团团围住，并押往一间小屋，说必须等弄清每个人的真实身份后才能下山。负责看管他们的是个年轻小伙子，他两腿分开站立，双手背在身后，一副对待犯人的架势，弄得他们很不舒服。于是他向身边的同伴建议，喊一、二、三，一起开始对这个年轻军人微笑，看会他怎么样。果然不出一分钟，那年轻人招架不住十来张对他微笑的面孔，他先改变了僵硬的站立姿势，然后又请他们坐下来等待，甚至问他们想不想喝一杯咖啡；等到所有人的身份被确认后，他又主动送他们抄近道下山，最后像朋友般握手告别。

还有一位中国人，几年前出国旅游，当时是夏天，由于白天气温太高，夜幕降临后才是雅典老城区帕拉卡最热闹的时候。有位边抽烟边在门口招徕顾客的旅游品商店老板，看见一群游客走过来，情急中想甩掉烟蒂去招呼客人，结果不偏不倚正好扔在他手臂上，皮肤顿时被烫出个大水泡，疼得他直跳脚。这老板见状吐出一连串的“对不起”，之后又送他一个无比灿烂的希腊式的笑容，同时还背诵起古希腊哲学家苏格拉底的语录：“在这个世界上，除了阳光、空气、水和笑容，我们还需要什么呢？”他不知道这句话是不是苏格拉底说的，只是觉得手臂上的疼痛和心里的窝囊气被眼前的笑容化解了，结果他也笑着走进老板的商店，买了不少漂亮的明信片

又想起九年前从书上看到的一个故事。在西班牙内战时，一位国际纵队的普通军官不幸被俘，受尽折磨。就在被处死的前夜，他搜遍全身，意外地发现半截皱巴巴的香烟。想吸上几口，缓解临死前的恐惧，可他没有火柴。再三请求之下，铁窗外那个无动于衷的士兵总算掏出火柴，划着火。当四目相对

时，军官情不自禁地向士兵送上了一丝微笑。奇怪的事情发生了，那士兵在几秒钟的发愣后，嘴角不太自然地向上一翘，最后竟也露出了笑容。后来两人开始了交谈，谈到了各自的故乡，以及他们的妻子和孩子，甚至还相互传看了他们与家人的合影……就在天色渐亮时，那士兵竟然悄悄地放走了他。

微笑是人类最好看的表情，微笑沟通了两颗心，挽救了一条生命。

• 寻找微笑的理由

毕那是一名外国人，他与他的妻子都是心理学家，一同开了一家心理咨询所，天天门庭若市，受人欢迎。原因很简单，他们夫妇的主要工作就是让每一位上门的咨询者经常操练一门功课：寻找微笑的理由。

比如，在电梯门将要合拢时，有人按住按钮为了让你赶上；收到一封远方朋友的来信；有人称赞你的新发型；雨夜回家时发现门外那盏坏了很久的路灯今天亮了；清洁工在离你几步远地方停下扫帚，而没有让你奔跑着躲避灰尘。诸如此类的生活细节，都可以作为微笑的理由，因为这是生活送给你的礼物。那些按毕那夫妇要求去做人的发现，几乎每天都能轻而易举地找到十来个微笑的理由。时间长了，夫妻间的感情裂痕开始弥合；与上司或同事的紧张关系趋向缓和；日子过得不如意的人也会憧憬起明天新的太阳。

总之，他们付出的微笑，都有了意想不到的收获。

• 真诚的微笑价值连城

关于微笑的故事有很多很多。

有个漂亮活泼的美国小女孩，在一场突发事故中烧伤了右脸，惨不忍睹。由于神经受损，她的右脸永不再有任何表情。孩子的父母对责任者提出了上诉。法庭上，律师先让少女将烧坏的右脸对着陪审团，陪审席上的人个个都面露同情和惋惜状。律师接着让少女把完好的左脸转向他们。她的左脸上挂着动人无比的微笑。左右反差之大，令人心惊，没过多久，陪审团就一致裁定肇事方败诉，并立即支付伤者巨额赔偿金。从而，第一次在法庭上确定了微笑的价值。

也是在美国，20多年前发生过这样的故事。加州有一位6岁的小女孩，偶然遇到一个陌生的路人，那人竟一下子给了她4万美金。

这件事立即引来了众记者。“小朋友，你在路上遇到的那个叔叔，你认识他吗？他为什么会给你那么多的钱？他是不是患有精神病？”

小女孩露出甜美的微笑，回答道：“不，我不认识他，而且我觉得他没什么病！为什么给我这么多钱，我也不知道啊……”记者更纳闷了，到底是为什么呢？

原来，小女孩那天在外面玩，在碰见那位陌生的叔叔时，对他笑了笑。使得那位叔叔动情地说：“你天使般的微笑，化解了我多年的苦闷！”

后来经记者再三打听，谜底完全解开，那个陌生人是一个不快乐的有钱人。脸上的表情始终是非常冷酷而严肃，当地没有人对着他笑。他偶然遇到这个小女孩，对他露出真诚的微笑，使他的心不由温暖了起来，融化了多年冻结在心灵上的坚冰。

因此，在生活中，要是一个天使般的微笑，能够打开心中纠缠多年的死结，这样的笑容应该是无价的。

· 训练迷人的微笑

美国职业棒球明星威廉·怀拉，40岁时因体力不支而告别体坛。当时，怀拉很想马上得到一份工作。一开始，他认为这是一件很简单的事情，因为他觉得，就凭他的名气，到保险公司应聘推销员，一定会万无一失。

事实上，他想错了。

人事部经理说：“干保险这一行，必须有一张迷人的笑脸，但你没有，我们难以录用你”。就这样，怀拉被拒之门外。

尽管遭此冷遇，怀拉并没有打退堂鼓，而是决心像当年刚涉足棒球领域一样，从零起步。于是，他开始学习“笑”。他每天都在客厅里放开嗓子笑上几百回，邻居们都误认为失业对他打击太大，他神经出了毛病。怀拉也觉得这样不太好，为了不打扰邻居，就到厕所里去训练。

几个星期以后，怀拉去见经理，当面展示笑脸。可得到的仍是冷冰冰的拒绝：“不行！笑得不好。”

再次被拒绝，怀拉并没有悲观失望，他到处搜集笑容迷人的名人照片，然后贴在卧室的墙壁上，随时进行模仿。此外，他还把一面大镜子放在厕所里，为的是训练时能够更好地进行纠正。

就这样练了一段时间，怀拉又去见人事经理，露出了笑容。

“很好，进步不少，但吸引力还不够。”人事经理说。

怀拉天生就倔强，不达目的不罢休，回家后继续苦练。

一天，他在路上碰到一个朋友，非常自然地微笑着打招呼。

朋友惊叹：“怀拉，一段时间不见，你的变化真是太大了，和过去相比，简直判若两人！”

得到朋友如此的评价，怀拉信心百倍地去见经理。

“你的笑的确是不错了，只是并非真正发自内心的那一种。”

怀拉还是没退却，仍然坚持努力，终于被保险公司录用。

这位棒球明星严肃冷漠的脸上现在所绽放出的，完全是发自内心的孩子般的天真笑容。正是靠着这张并非天生而是旷日持久苦练出的笑脸，怀拉成了美国推销寿险的高手，年薪突破百万美元。

·心得·

“在这个世界上，除了阳光、空气、水和笑容，我们还需要什么呢？”我们还需要微笑。微笑是人类最好看的表情，微笑是心灵的阳光，微笑能融化你生活道路上的冰霜。

微笑可以胜出官司，微笑可以价值万元，微笑可以挽救生命，微笑能够让我们做好工作……

可见微笑的力量真的是举足轻重、不容忽视。有人甚至认为，忘记微笑是一种严重的生命疾患。因为只有懂得微笑的人，才会有内心的宁静和真正的幸福，否则生命中必有隐蔽的遗憾。

好好活着

——热爱生命是献给上苍的最佳礼物

好好活着，活着就是幸福。

有一首《好好活着》的歌唱道：

过着平平常常简简单单的生活，

笑看名利追逐和诱惑。

啊！命运对每个人都很公平，

就看你怎样去选择；

啊！我们的生命只有一次，

任何机会要用心把握。

好好活着，别自寻烦恼，

天大的事想开了也没什么；

好好活着，珍惜每一刻，

千金难买健康幸福和快乐；

好好活着，路就在脚下，

从容地走过所有坎坷；

好好活着，过好每一天，

活一回不容易，要知足常乐。

有人说，人是自己哭着来到这个世界上，又在别人的哭声中离开了这个世界。生，是母亲的苦难日；死也可以说是亲人的苦难日。

但在生与死之间，我们该怎样去生活呢？

· 生命是个奇迹

前几天，有朋友谈起杰克·伦敦的《热爱生命》，这部脍炙人口的小说曾经轰动欧美，并得到了列宁的称赞。作品中表现出的强烈的大自然气息，勇敢和冒险的浪漫精神，人“要活下去”的坚强意志深深地吸引着广大读者，使人们读来激动不已。这篇小说中，杰克·伦敦平静地叙述了一个惊心动魄的与死亡抗争的故事：如何帮一个人战胜了死亡；尽管病饿交加，筋疲力尽，仍然在徒手搏斗中把紧跟在后面的一只饿狼制服了，并且通过冰天雪地的荒野挣扎着来到海边，终于被一艘捕鲸船救起。

说着说着，我想起了曾看过这么一个纪录片，据说是法国摄影师德·塞克拍摄的，影片中的很多画面是那样的惊心动魄。

故事发生在亚马孙河夏末初秋的季节，大蛙在河塘上的一片阔大的荷叶产下了亚马孙蝌蚪，其实这只是一团儿上万只黏在一起的卵子，但肉眼看上去只是一团白色的泡沫。

此后，卵子就要靠自己的生命力来慢慢孵化了，准确地说，是要看它们的造化如何。初秋的亚马孙，艳阳高照，万物充溢，风光着实迷人。这个时候，满天的红蜻蜓，像无数朵红花在空中轻灵地飞舞。它们是大蛙卵子的无情杀手，荷叶上的这些生命是它们最可口的食物。这就是亚马孙蝌蚪命运中的第一次劫难。

这是一种生物间的食物链关系，我们要怪就只能怪造物主的安排了。当剩下的亚马孙蝌蚪有了一点形状之后，一种叫做蓝水鸟的亚马孙水鸟，不早不晚，正好长大。它们来到这个世上的第一种食物，正是亚马孙蝌蚪。

经过蓝水鸟的再次洗劫，所剩下的亚马孙蝌蚪就更少了，它们要想真正地长成一只大蛙，往后的道路，只能被称做是幸运了。

从一团卵子变为真正意义上的蝌蚪，至少也要经过一个月的时间。这时的它们，没有一点可以逃脱或是躲避能力，它们只能一直呆在荷叶上，任天敌随意摆布。

能逃过蓝水鸟这一劫的亚马孙蝌蚪，马上要赶上的是一场惊涛骇浪般的暴风骤雨。这场不期而至的暴风骤雨带着嘶鸣从天而降，把惊恐布满大地。碎石般大的雨点，将大多数已经成形的小蝌蚪打烂扯碎，连同荷叶一起，卷到滚滚的河流中。

暴风骤雨过后，能留下来的亚马孙蝌蚪，只能被视为奇迹了。

这些残留于世的蝌蚪首先要做到的就是，从还没有被摧毁的残叶上尽快地滚落到河里，然后慢慢地变成一只幼蛙。这看似已经结束了的危险阶段，却又被一种新的、更危险的情景所取代。

一种叫做红扁嘴的大头鱼，这时会准时地到达一片片荷叶的下面，日夜守候在那里，仰望着头上的叶片。已经形成的亚马孙蝌蚪，为了生存，必须拼命地向荷叶的下面滚去。谁想，滚下一个，红扁嘴鱼就张开大嘴接住一个。红扁嘴鱼要在这里等候一个星期，直到把亚马孙蝌蚪基本吃光为止。能够逃过这一劫的亚马孙蝌蚪，就更是一种神话了。

到了这个时候，一团上万只的亚马孙蝌蚪，能剩下三到五只，就已经相当不错了，大都是全军覆没。

经过重重的劫难，没有被吃掉的亚马孙蝌蚪，应该获得自由了吧？非也。随着它们身体的长大成形，它们身边的天敌却数倍增加。天上飞的，水里游的，路上跑的，喜欢以亚马孙大蛙为食的动物，这时会猛增到二十多种，真是天罗地网，密密如丝地罩着这些弱小的生命。只是这时的它们，出于本能，多少已经懂得了一点逃生与躲避的本领。

但不管怎样，亚马孙蝌蚪能活下来，始终都是一个奇迹，一个神话。它们始终处于生命的挣扎中。从降生的数万只亚马孙蝌蚪到最后能剩下的，成活率还不到万分之一。因此，亚马孙蝌蚪的一生，真是险象环生，随时都是生死时刻。

都说“人生无常”，但相对亚马孙蝌蚪而言，我们人类是多么幸运啊。可有不少人，为名利而痛苦，为欲望而不快，甚至有时还做着践踏自我生命的事情。生命最贵，平安是福，相信看过这一纪录片的人，定会明白这一宝贵的道理。

· 好好活着，是对上苍最大的献礼

现实生活中，有人慨叹生不逢时、人生如梦，有人抱怨活着真没意思，更有人说人生就是痛苦和无聊，于是在这种没有信仰的人生观唆使下，我们看到的是太多生活的空虚和无聊，太多的游戏人生，太多的颓废和消沉以及百无聊赖……

我有一个叫杨冬荀的同事，在其编著的《活着，就是幸福》讲过这样一个故事，可谓是对热爱生命，好好活着的最好诠释。

在一个小山村，有一对残疾夫妇，女人双腿瘫痪，男人双目失明。春天，男人背着女人到山坡上播下一粒粒种子；夏天，男人背着女人在庄稼丛中除草施肥；秋天，男人背着女人忙碌地收获着丰硕的果实…… 一年四季，女人用眼睛观察生活，男人用双腿丈量日子。时光如水，却始终未冲刷掉洋溢在他们脸上的幸福。当有人问他们为什么幸福时，他们异口同声地反问："我们为什么不幸福呢？"男人说："我虽然双目失明，但她的眼睛看得见呀！"女人说："我虽然双腿瘫痪，但他的双腿能走呀！"

这是一种豁达乐观的胸怀，一种左右逢源的人生佳境。拥有了这种胸怀，心灵如同有了源头的活水，时时滋润着我们灵动的双眼，让我们去发现生命的美、欣赏活着的美。

姹紫嫣红、草长莺飞，这是春天生机勃勃的美；大漠孤烟、长河落日，这是沙漠气势壮观的美；霓裳倩影、高楼林立，这是城市的现代化的美；小桥流水、麦浪蛙声，这是乡村淳朴宁静的美。

每一个人都希望自己拥有更多的快乐而非痛苦，但前提是得活着，因为活着，才能感知。好好活着，以自己的方式感受欢乐、感受苦痛，一边经历生活一边品尝自己的人生，追求生活。

天晴的日子，你可以每天看着初升的太阳，深呼吸，再深呼吸，然后微微扯动嘴角，享受那一刻的舒心，独自静静地、轻轻地感受人生。

下雨的日子，你可以看雨点从很高的地方滴落，听那淅淅沥沥的声音，远望雨中的青山，近赏雨中的绿草，感受生命的坦然。

生活是多姿多彩的，关键是你以什么样的眼光去看待它。拥有一个正确的视角，你会发现——生活，原来是如此美好！好好活着，是献给上苍最好的礼物。

·心得·

亚马孙蝌蚪真是生命的角斗士，在遭遇一次又一次生命的掠夺后，仍在为创造新的生命而忘我的歌唱。这一刻，我明白了：生命的珍贵，活着的美妙。又想起《活着，就是幸福》的那几段经典话语：

每天早晨醒来，看见第一缕阳光，确定自己的眼睛还能看见这个世界，这就是幸福。

走在撒满落日余晖的小路上，听得见欢快鸟叫，确定自己的耳朵还能听见凡间的任何声音，这就是幸福。

穿过一条小径，闻得见扑鼻的花香，确定自己的鼻子还能闻得见任何一种美妙的气味，这就是幸福。

看见喜欢的人，能和他说几句真心的话，确定自己的嘴巴还能吐出动听的话语，这就是幸福。

张开双臂，能够拥抱自己想拥抱的人，确定自己的双臂还能拥抱这个世界，这就是幸福。

迈开双腿，能轻快地走起来，飞快地跑起来，确定自己的双腿还能听话地行走和奔跑，这就是幸福。

每天早晨醒来，发现自己还能健康地存在着，确定自己真实地存在着，这就是幸福。

当苦难成为生命的必修课

——坚强，战胜苦命的法宝

人生在世，
自有悲欢离合。
不必为自己的不幸而难过，
那些令人难以忍受的苦难，
有可能会被酿成生命的琼浆。
记住诗人汪国真的话：
我不去想是否能够成功，
既然选择了远方，
便只顾风雨兼程；
既然目标是地平线，
留给世界的只能是背影；
我不去想未来是平坦还是泥泞，
只要热爱生命，
一切，都在意料之中。

一般人初次受到打击，第一个反应往往是怀疑，不敢相信厄运会突然降临到他身上，继而是愤怒、怨恨、诅咒，觉得不公平，别人都活得好好的，却由他来承受这样的痛苦和不幸，他恨不得把全世界都毁灭掉。

但是，当这一切事实都无法改变，他开始感到惶恐、不安、无助，沮丧和失意的毒菌便渐渐征服了他，他消沉、自暴自弃，抱着一种听天由命、自生自灭的消极态度。到了这种地步，实际上他的心已经死了。

· 笑对人生残局

谢坤山从小就是一个不幸的人。由于家境贫寒，他很早就辍了学。不过，生活贫困也使他早熟，很小就懂得父母的劳苦与艰辛。从12岁起，他就到工地上打工，用他那稚嫩的肩头支撑着这个家。

不幸中的不幸，16岁那年，他因误触高压电，失去了手臂和一条腿；23岁时，一场意外事故，又使他失去了一只眼睛。紧接着，心爱的女友也抛弃了他。

令人赞佩的是，遭遇接连二三的打击的他并没抱怨和气馁。但为了不连累家人，他毅然选择了流浪。带着一身残疾上路，独自一人，与命运展开了博弈。

在流浪的日子里，谢坤山一边忙于打工，挣钱糊口；一边忙于公益，救助社会。后来，他渐渐地迷上了绘画，他想重新给自己灰色的人生着色。

起初，谢坤山对绘画一无所知，他就去艺术学校旁听，学习绘画技巧。没有手，他就用嘴作画，先用牙齿咬住画笔，再用舌头搅动，嘴角时常渗出鲜血。少条腿，他就“金鸡独立”作画，通常一站就是几个小时。他尤爱在风雨中作画，捕捉那乌云密布、寒风吹袭的感觉……上苍眷顾坚强的人，就在他最困难的时候，一个名叫也真的漂亮女孩，不顾她父母的强烈反对，毅然走进了他的生活。这使得谢坤山更加勤奋作画，到处举办画展，作品也不断地在绘画大赛中获奖。

苦心人，天不负。笑对人生的不幸，不仅赢得了爱情，有了一个美满幸福的家；而且赢得了事业，成为很有名的画家；同时也赢得了社会的尊重。

谢坤山的可敬之处就在于，面对生活一个又一个的不幸打击，他用超越常人的精神，笑对人生的不幸，通过不懈地奋斗，赢得了灿烂的人生。

其实，在人的一生中，谁都避免不了遭遇一些挫折打击，但很多人遭遇的不幸都达不到谢坤山这么个地步。但我深信，人生的苦难虽多，生命的韧力却比这一切更坚强。与其怨愤和消沉，不如坚强地笑对人生。

笑对人生是人的最高境界，相信你是生活中的强者，会永远笑着面对一切，会永远笑着走下去。要努力地坚持，成功永远属于那些强者。

事实证明，只要你下决心好好地活着，你就能好好地活下去，甚至像谢坤山一样，取得一番成就。

• 坚强，战胜苦难的法宝

幸福的家庭是相似的，不幸的家庭各有各的不幸。生活中，不幸的人还很多。2005年感动中国的人物洪战辉有过这样的经历。12岁那年，他在父亲患病，母亲出走，生活无依无靠的情况下，就撑起了整个家庭。他克服种种困难，靠做小生意和打零工赚来的钱，给父亲看病，把一个和自己没有血缘关系的弃婴一手养大，供其读书。

命运把不幸送给了他，但是在困难面前，他没有低头，没有认输。“大雪压青松，青松挺且直”，他把苦难与自己的坚强融合在一起，让苦难成为一种养分，成为生命的一种财富。洪战辉，他感动了中国，为我们的人生道路上点亮了一盏明亮的灯。

但是绝对不是别人所说的财富，而且它是不能选择的，我们要做的只是当苦难成为人生的必修课时，应当去勇敢面对，以坚忍、顽强、乐观的态度对待它，而消极逃遁，怨天尤人，只会让结果更糟。

著名的汽车商约翰·艾顿向朋友丘吉尔讲诉自己的过去：“我出生在一个偏远小镇，父母早逝，是姐姐帮人洗衣服、干家务，辛苦挣钱将我抚育成人。但姐姐出嫁后，姐夫将我撵到了舅舅家，而舅妈更是刻薄，在我读书时，规定每天只准吃一顿饭，还必须收拾马厩和修剪草坪。后来工作当学徒时，我根本租不起房子，大概有一年多的时间是躲在郊外一处废旧的仓库里睡觉……”

“过去怎么没听你说过这些？”丘吉尔十分吃惊地问。

“有什么好说的呢？正在受苦或正在摆脱受苦的人是没有权利诉苦的。”这位曾在生活中失意、痛苦很久的汽车商笑了笑又说，“苦难变成财富是有条件的，这一条件就是，只有在你战胜了苦难并远离苦难不再受苦后，苦难才是你值得骄傲的人生财富。此时，人们听着你的苦难时，就不会觉得你是在念苦经，而会认为你意志坚强，值得敬重。假如你在苦难中，无论你如何说，别人一听，只会觉得你是请求廉价的同情甚至是乞讨怜悯。这个时候，你要是说你正在享受苦难，并从中锻炼了品质、学会了坚持，别人只会认为你是在玩精神胜利、自我麻醉。”

朋友的一席话，让丘吉尔深有感慨：“苦难，是财富还是屈辱？当你战胜了苦难时，它就是你的财富；可当苦难战胜了你时，它就是你的屈辱。”

人生道路坎坷不平，到处都有荆棘、石头、高山、急流。人生，并不总是布满绚烂的彩霞，它是由痛苦、磨难、快乐的丝线织成的网。当苦难成为人生的必修课时，要积极地面对，要明白，苦难可以磨炼一个人的心智，能教会你成长；但苦难并不值得炫耀，在苦难中奋斗，才会赢得尊重。

·心得·

小时候，父母常对我讲：“吃得苦中苦，方为人上人。”老师也说：“自古英雄多磨难，人都是在困难中百炼成钢的。”

那年毕业，怀着梦想与激情，我踏上了社会的列车。最初在山东某国企工作。由于当初的年少轻狂，两个月后，我就毅然辞掉了工作去北京打拼。原以为精彩的生活即将开始，可老天偏偏与我开了个玩笑。

由于刚参加工作，对业务不熟。我工作才一个月零十天就被人家给辞了，只拿到600元工资，剩余的500还要等半年后才能领到。

之后，我不断地找工作，可总被拒绝。600元能花多久，而且我也不敢随便花。我在晚上硬着头皮去菜市场捡人家卖剩的东西来吃，能省一分是一分。

就这样，我度过了这一生最难熬的两个月。一开始我也曾想过向家里要点生活费来用，但我没有这么做，因为我已经20岁了，已经是个毕业了的大学生。再多再大的苦难，得自己去背负。

没钱的日子很寂寞，但我以书为伴，我以笔为武器。记得在一本书中看到这样一段话：“在你认为你是最苦难的人时，请你一定要记住，这个世界上还有比你更苦难的人，他们都没有放弃，你凭什么放弃呢？”

我一边读书写作，一边找工作，终于自己的文章被报社刊用，同时我到了一家文化公司上班。

刚走上社会迎头而来的这场苦难，改变了我，它成为了我人生进步的动力。我的心时刻提醒着自己，不管生活发生什么样的不幸，一定要积极向上，一定要努力。

生命从明天开始

——热爱生命，就会找到一个完美的自己

没有生命，
智慧难以表现，
文化无从施展，
手脚不能战斗，
知识无法利用，
财富变成废物。
有生命才会有希望，
有希望才会有一切。
珍爱生命，
也就是热爱美丽的生活，
没有生命，
也就不会有五彩的人生。

无论生活中遇到多大的苦，你都要让梦想与生命同在，并用奋斗的桥梁把其连起来。

《读者》上有篇心曼的文章《生命从明天开始》，很感人。讲的是，1979年是她们家命运的转折年。年轻的父亲去世，3岁的她和5岁的姐姐春曼同时被一家大医院诊为“婴儿型进行性脊髓肌萎缩”。得了这种病，生活不能自理，穿衣、洗漱、大小便都需要人伺候。医生说这种病目前还没有药物能够治愈。在母亲“你们的父亲不在了，我们必须学会坚持，自己战胜困难”的鼓励下，她们逆风飞扬。

18岁那年，心曼在弟弟用过的一摞小学生资料纸背面写出一部4万字的中篇小说，寄给了《三月风》杂志社，但没被发表。

这件事，让心曼都对生活绝望了。她悄悄留下了遗书，偷偷地准备好了安眠药。但就在这个时候，《三月风》杂志社编辑给她的一本诗集《我的生日没有烛光》，同时还附有一封信， 信中讲了那本诗集作者的故事，跟她患一样的病，也没进过校门，但他很乐观，勇敢地与病魔斗争，写出了很多美丽的诗句，直到生命的最后时刻还在赞美生活的美好。杂志社的编辑还说：“请再试一试好吗？给自己打一个爱的理由！”这件事让心曼受到极大的震撼和鼓舞，发誓要好好活下去。

1995年，心曼向生活发出了心底的呼唤——《假如生活肯再给我一次机会》。这篇2000字的自传体文章，她整整写了三个昼夜，由于时而昏睡，手不住地颤抖，字迹写得歪歪斜斜。她这篇对生命渴望的呼声终于发表在《中国青年》上。看着变成铅字的文章，心曼又看到了人生的希望。

此后，她和姐姐写的散文、小说、诗歌，陆续在几家报刊上发表。姐妹俩的文字频频见诸报端，给她们的人生打开了另一扇窗。

·心得·

其实，我们每个人都不是完美的。然而，有人创造了奇迹，越活越精彩；有人却一败涂地，痛不欲生。我想，只要热爱生活，就会找到一个完美的自己。

当我们总是抱怨生活亏欠了我们的时候，想想心曼姐妹俩吧！

一举手、一投足，这些看似平常而简单的事情，对她们来说，却要付出比常人更多更大的代价。

但她们的举手投足间挥洒着的汗水，更洋溢着只有用灵魂才能倾听的幸福乐音！

倾斜的翅膀依然能飞起来

——面对不幸，更需振作精神

整天愁眉苦脸，
时时灰心丧气，
一副丧家犬的样子，
不仅自己活得窝囊，
别人看着也心烦。
何不以精神抖擞替代萎靡不振，
何不以满面春风替代怒气横秋，
何不以神采飞扬代替垂头丧气，
何不以光彩照人替代意志消沉。
生活中有太多的不幸，
我们都要振作起来，
哪怕受伤的翅膀，
一样能飞起来。

伊戈尔·伊万诺维奇·西科斯基小时候家里的生活比较拮据，父母整天到外面找活做，尤其是父亲天天都是早出晚归，没时间陪孩子。

在一个寒冷的冬天，西科斯基的母亲外出揽活去了，年仅4岁的西科斯基一个人在火炉边玩，一不小心，便将炉火上滚烫的开水壶碰倒，致使他的双手被严重烫伤，虽经治疗，但一双手掌却变了形。那一双向一边倾斜的手掌，从此成了西科斯基羞于见人的伤疤。

西科斯基从一个开朗顽皮的孩子，变成了一个自卑而脆弱的孩子，每天放学回家都双目无神地望着天空中飞过的鸟儿发呆，也许只有天上的飞鸟可以成为他倾诉心事的对象。母亲看在眼里、疼在心上，怎样才能让西科斯基变得快乐起来呢？一天，西科斯基的母亲从一个摊贩那里买了一个来自中国的玩具——竹蜻蜓，母亲希望这只竹蜻蜓能够给西科斯基带来一些快乐。西科斯基拿着竹蜻蜓，双手用力一搓竹蜻蜓的尾巴，竹蜻蜓的翅膀便飞速旋转起来，竹蜻蜓飞起来了，西科斯基终于笑了。

母亲趁机鼓励西科斯基：你看，这只竹蜻蜓的翅膀多像你的双手啊，也一样是向一边倾料的，但它不也飞起来了吗？西科斯基将竹蜻蜓拿在手上仔细地对比，他惊讶地发现，竹蜻蜓的翅膀跟他的手真的很像。竹蜻蜓能够用倾斜的翅膀飞翔，他为什么不能用那双倾斜的手来让自已的理想飞翔呢？

从此，西科斯基真的迷上了飞翔事业。12岁那年，小西科斯基就制作了一架橡筋动力的直升机模型，显示了富于创造的天赋。长大后，他刻苦钻研，终于揭开了航空史上崭新的一页，成功地让世界上第一架真正的直升机升空了。西科斯基是世界著名飞机设计师及航空制造创始人之一，他一生为世界航空作出了相当多的功绩，而其中最著名的就是设计制造了世界上第一架四发大型轰炸机和世界上第一架实用直升机。

也许，命运只给了西科斯基一双残疾的手，但他心中有梦，同样可以让理想自由飞翔。

像这样身残志坚的人，本书还讲过盲人摄影师谈力、笑对人生残疾的谢坤山，都是我们的精神榜样。

在此我想到了同样值得学习的半丁先生。半丁先生是四川人，他本名叫黄建明，一次出差时在火车上遇见了歹徒，与歹徒搏斗，不幸被火车折断了双腿。他说：“其实，我之前也想自杀，但在亲人朋友的支持下，就放弃自杀的念头了。接下来我苦练书法，不抱怨生活不公平，才成为了书法家的。”

“丁”是什么意思？古人称成年男子为丁。强壮的男子也叫壮丁。黄建明叫半丁先生，其意不言而喻。可就是这样一个人，他还挑战极限，用双手爬上了长城。

以上这些身残志坚的人，告诉我们这样一个道理：生活中无论遇到什么困难和挫折，都要以灿烂的微笑面对生活；相信自己，奇迹一定会出现的！

·心得·

古今中外，身残志坚的人还真不少。我想到了加拿大第一位连任两届的总理让·克雷蒂安，他从小因口吃被人嘲笑。有一天，他在书上看到了含着石子说话就能流利的方法。为了流利说话，他每天就含着小石子。母亲看着他那被石子磨烂的舌头和嘴巴，心疼极了，就劝他不要这样做了。可他没有放弃，终于他不再口吃了。后来他在书上看到这样一句话：每一只漂亮的蝴蝶，都是冲破束缚它的茧之后才变成的。1993年10月，他参加了全国总理大选。他说的“我要带领国家和人民成为一只美丽的蝴蝶”的竞选口号，使他以高票当选，赢得了大家的尊敬。

以上这几位成功人物的成功之路都比较相似：他们通过自己的勤奋与努力，破茧，成为美丽的蝴蝶，让自由的生命绽放迷人的光彩。

不要被身上的不足而蒙蔽

——笑对身上的残缺

世界上没有绝对完美的东西，
美丑本来是一对孪生兄弟，
善恶原来是一对同胞姐妹。
其实缺憾也是一种美，
智者说：
“残缺圆满，大圆似缺。”
美国玛丽安娜·穆尔在《诗集》中说：
“生活的丑在你的周围，
永恒的美在你的心中。”
不要因一点不足而丧失信心，
要懂得用智慧区分善恶，
要懂得吸取别人的优点，
要懂得发掘自己的长处。

世人都喜欢圆满。中国的故事结局大多是幸福大团圆，外国的童话的结局多为“从此王子和公主一起过上了幸福的生活”。对于有一点缺陷，人们就会闷闷不乐。真实的世界本来就不是圆满的，甚至在智者眼中，神话里也是不完美的。如果你一味地要求完美，那你可能什么都得不到。

《阿毗达摩俱舍论》中有这样一个故事。说很久很久以前，有一年轻人，乞求上天能赐予他最大的幸福。

他日复一日，虔诚地向神佛祈祷，就像皮克马翁一样。年轻人的诚心终于感动了帝释天。

一天晚上，年轻人听到敲门声，便把门打开。一位美丽的姑娘开口了：“我是幸福女神，专门负责管理幸福。”姑娘的声音美妙极了，赛过黄莺出谷。

年轻人格外欣喜，立刻邀请她进屋里坐。

“请等一等，我还有一个妹妹，她跟我从来都是形影不离的！”吉祥天微笑着对年轻人说，然后就要把站在其身后暗处的妹妹介绍给他认识。

当年轻人看清她的面孔后，大为扫兴，心想，世界上怎么会有如此丑陋无比的人？

他满脸疑惑地问吉祥天：“这位姑娘果真是你的妹妹吗？”

吉祥天回答：“她就是我的妹妹，叫黑暗天，是掌管不幸的女神。”

年轻人听了连忙恳求：“只要你进来就行了，让黑暗天留在门外，好吗？”

她一本正经地回答：“你的要求恕我无法接受，因为我和我的妹妹从小到大就没有分开过。”

年轻人听了深感苦恼，迟迟不能做出决定。

正在这时，吉祥天说话了：“假如你还是难以决定，那我俩就告辞了。”

当年轻人还在犹豫不决、进退两难时，她们很快就消失得无影无踪。

美丑本来是一对孪生姐妹，你非要完美无瑕的，那你会得到什么？

回到现实中来，如果一位妙龄女郎，无论是身材还是长相，都无可挑剔，可偏偏脸上长了几点雀斑或黑痣，那会如何？！

世界名模辛迪·克劳馥就是这样的一个人，但她并非人们所想象的那样因缺陷而使人生灰暗。

辛迪·克劳馥来自美国伊利诺州一个蓝领家庭，唇边长了一颗触目惊心的大黑痣。16岁那年的盛夏，小报记者认为她很特别，就为她拍了张照片，把她推荐给了一位名叫安德森的模特公司经纪人。

安德森把辛迪·克劳馥介绍给经纪公司，结果遭到了一次次的拒绝：有的说她粗野，有的说她恶煞，理由纷纭杂沓，归根结底是那颗唇边的大黑痣。

安德森却下了决心，非要把辛迪·克劳馥及黑痣捆绑着推销出去，于是他给辛迪·克劳馥做了一张合成照片，小心翼翼地把大黑痣隐藏在阴影里，然后拿着这张照片给客户看，客户果然满意，马上要见真人。

真人一来，客户就发现“送错了货”，当即指着辛迪·克劳馥的黑痣说：“你给我把这颗黑痣拿下来。”

激光除痣其实很简单，无痛且省时。辛迪·克劳馥却说：“去你的，我就是不拿。”

安德森也有种奇怪的预感，他坚定不移地对辛迪·克劳馥说：“你千万不要摘下这颗黑痣，将来你出名了，全世界就靠着这颗黑痣来识别你。”

果然，若干年后，辛迪·克劳馥红极一时。1995年，一家杂志计算了诸多名模的薪水，发现辛迪·克劳馥是最赚钱的模特，年收入高达650万美金。这家杂志把辛迪·克劳馥的高薪归于她男女老少皆宜的外表，以及她独有的能够靠她的名字和一张面孔便为厂家带来巨额利润。

老子《道德经》第四十五章说：“大成若缺，其用不弊。”

大成功、大圆满，似乎是残缺的，但是其作用实永远不陈旧。四大名著中，《三国演义》《水浒传》《西游记》都写完了，唯独《红楼梦》没有写完。人们都说后四十回不是曹雪芹自已写的，后人考证是高鹗续的。可以说《红楼梦》是残缺的。然而举世公认，在这四本书里，《红楼梦》的艺术成就是最高的，《红楼梦》的思想性和艺术性是双绝，臻于极致。全世界最伟大的雕塑，那个缺胳膊的维纳斯，在美术家眼中，反是最美的。大成若缺的《红楼梦》与维纳斯，起作用也是不弊的。世界上兴起了“红学热”，说得调侃一点，一部《红楼梦》不知养活了多少中文系的人，写篇《红楼梦》的论文就可评个教授、副教授当当。电视台打着《红楼梦》的旗号选秀，选一个火一个。据说还有整《红楼梦》美食的。

如果你身上哪里有缺点，哪里你觉得长得太难看了，你完全用不着自卑，像辛迪·克劳馥一样，那颗黑痣反而是她最美的标志。

·心得·

究竟是那颗黑痣成就了辛迪，还是辛迪成就了那颗黑痣？这并不重要，重要的是辛迪是这个世界上独一无二的，没有人可以替代她。人生很多时候就是这样，平庸与精彩之间只隔一步，坚守独特就会精彩，扔掉独特就是平庸。

每个人都有其独特之处，也许是眼睛，也许是大脑，也许是双手，也许是双足……如果你不想一辈子平庸，如果你想获得只属于自己的掌声和喝彩，那么就需要耐心地把自己调整到合适的位置和角度，发现你自己那颗独一无二的“黑痣”，那样，属于你的那一刹那的缤纷与绚烂就会出其不意地降临。

第七章

The first chapter

爱情牧师

——相爱相处不再难

桂花里的爱情味道

——不做迷茫的当局者

赏画看山，
不妨换种方式。
距离、角度的改变，
会让我们有美丽的新发现。
横看成岭侧成峰，
草色遥看近却无。
这是聪明人的体验。
不识庐山真面目，
只缘身在此山中。
这是迷茫者的感慨。
学着跳出迷茫的当局，
来清醒地审视事物，
才不会总停在人生的误区里，
继续错下去。

朋友来玩，给我讲了一个爱情故事。在一对新人的婚礼上，司仪问他们的恋爱经过。新娘羞涩地笑而不语，新郎倒是大方，有问必答。

关于他们的开始，新郎说很简单。“有一次坐电梯，电梯里只有我们两个，感觉空气很闷。我看了看她，忽然看见她头上有个东西，就对她说：你头发上有片纸屑，你不介意的话，我帮你拿下来。她一听，脸刷地红了。就这样我们就聊了起来，聊着聊着她就聊成了我的女朋友。”

“就这么简单？”司仪反问。

“就这么简单。”新郎点头，重复了一遍。

“就这么简单”，这句话让参加婚礼的她在心里感慨无限，别人的爱情很简单，可自己的为什么那么难呢？

新郎其实是她的初中同学，但他们一直没什么故事。后来，两个人考上了同一所大学，本来她可以考到更好的学校的，可是知道了他填报的学校后，她把自己的志愿改了，为的是想和他在一起。

但他们还是真的没在一起。她对他好，但他对她始终只是亲切有礼。

就在大学的第一个暑假，她在家乡的书店门口遇到了他，还有他身边的女孩。“我的女朋友。”他笑着对她说。能够在大学第一年就带回家的女朋友，一定是非常喜欢非常亲密的。

她深深地失落，心怀暗伤。

此后的她不是没恋爱过，但总是摆脱不了他的影子。而他，恋爱的对象也换过两个。每一次，她都知道，每一次都受伤。他爱那么多的女孩，唯独没有她自己。

毕业后，他去了南方，她留在北地。相距遥远，但是他的婚礼她还是来了。“怎么没有带着男朋友来？”他问。她只好故作淡然地笑。他不知道，在他之后，爱成了一件很难很难的事。

参加完他的婚礼之后，她跟团去旅游，正值桂花飘香，每个人都在树下惊叹，真香啊，真香啊。

奇怪的是，她竟然闻不到，无论她怎么深深地吸气。在如此馥郁的花香面前，这是一件多么令人伤感的事情啊。

“不要紧，你轻轻地吸。”年轻帅气的导游面带微笑地说，“如果你使劲地吸，你闻不到花香，可是，如果你不经意地呼吸，就会感到花香扑鼻。”

她的心突然一动，爱的道理跟这也是一样的啊！太用力地去爱，往往得不到爱。

就在那棵老桂花树下，她对那个脑海里的他说："我要忘记你。"

这以后，她终于闻到了桂花的清香。

·心得·

"如果你使劲地吸，你闻不到花香，可是，如果你不经意地呼吸，就会感到花香扑鼻。"我相信这是真的。在失去她的那段心碎千次的日子里，我也以为自己再也不会爱上别人了。可当一切都平静以后，我竟开始接受这个美丽的世界，再后来我遇到了现在的女朋友，同样也闻到了桂花的清香。

叶子的相亲哲学

——真爱的考验，用鲜花来做陪衬

不要以财富论价值，
不要以地位论贵贱，
不要以相貌论美丑。
美国的玛丽安娜·穆尔在《诗集》中说：
“生活的丑在你的周围，
永恒的美在你的心中。”
“会嫁嫁对头，不会嫁嫁门楼。
易求无价宝，难求有情郎。
别看人的容颜，要看人的心灵。”
外界生活的简朴，
则带给我们内心世界的丰富。
志同道合的牵手，
则带给我们爱情的完美组合。

叶子每次相亲，总会叫上花儿。大家都很纳闷。

在相亲会上，绝大多数时间，都是花儿在说，叶子笑眯眯地听，静悄悄地吃。周围的人都扭过头看花儿，看了一眼犹不止，还偷偷地再看几眼。

花儿是公认的美女，而且个性张扬，穿衣是赤橙黄绿青蓝紫，光鲜夺目。说话又快又伶俐，笑起来咯咯咯地，明艳的锋芒简直密不透风，谁也别想抢了她的场子。

就是这样的一个人，叶子竟然每次相亲的时候都带着。

花儿心思单纯，又是年少气盛，一刻也不肯让美丽寂寞。叶子跟她一比无疑是灰姑娘，而且着装还永远素淡，话也不多。

虽说叶子清雅朴素自然也是一种风景，可惜永远不及花儿的富丽堂皇抢眼。大家都说叶子真是糊涂至极。

说是叶子相亲，结果人们都觉得是花儿在相亲。男嘉宾都忘了叶子的存在。

回来后，家人唠叨了足有半个月，叶子倒心平气和，也不辩白，也不懊恼，该干什么就干什么。花儿倒有些理亏，在餐厅再见，鬼鬼祟祟地不知进退。叶子一点不计较，大大方方地叫了过来一起吃饭。

转眼又有人给叶子安排了约会。男的风度翩翩，学识渊博，年轻有为。

母亲不放心，点名不准带花儿去。叶子笑，这有什么。

母亲不答，钻进书房翻出一本旧小说，左拉的《陪衬人》：“好好看看，好好一朵花被衬成了叶子，你糊涂不糊涂？”

叶子笑道：“你怎么知道我就不是等那个爱上叶子的人呢？”

结果叶子还是带着花儿赴约了，结果男的反和花儿恋爱起来。再结果他们又分了手。

第二年夏天来的时候，迪出现了。不知道是碰巧，还是社区的老人有意撮合，反正这个清凉的夏夜，叶子遇到了他。

迪是一名30多岁的老师。见了几次，叶子便觉得和他很熟了，是那种熟在心头的感觉。其实他们的交谈并不多，有时两个人结伴回家，都喜欢在江边慢慢地走，风凉凉的，不说话也很舒服。

而有些细节是很让人难忘的，譬如那天他们的手机先后响了，呵，铃声竟然是一样的。那是一首很少人知道的藏语歌，叶子去西藏阿里的时候下载的，她惊奇地看看迪。迪也有点惊奇："我去年9月在阿里……"叶子马上接道："我8月底离开。"

再譬如两人走着走着，突然前面的路灯特别明亮，不小心低头一看，才发现两个人的衣服都是白色，裤子都是浅咖啡色，甚至都穿了一样的平底布鞋，默契得让人心虚。

继续下去，一切便都顺理成章了，然而叶子却说：我带你认识个朋友吧。

花儿依然是艳光四射，夺人眼球，但迪却没多注意花儿，他只是云水不惊地给大家沏茶，盯着叶子抿了一口茶，赶紧问道："好吗？"叶子颔首，他便笑了。

花儿见此，忍不住笑道："这是你们的地盘，你看你们生来是一路的，我都快被晾成鱼干了！"叶子笑，趁迪招呼客人，道："花儿，我要告诉你一个秘密。"

"什么？"

"其实一直以来我也该谢你，每次带你出来，其实是想试试那些人。"

"啊？"

"我和你完全不同，你是牡丹般绚丽热闹，我像叶子一样朴素沉郁。如果一个男人很容易就被你吸引，那么他必然不适合我，必然不是我要等的那类人。"

"啊，你这狡猾的妮子，利用我！"花儿叫。

"还说，我们各取所需，你有你的牡丹花下客，我也等到我的绿叶知心人啊。"叶子幸福地笑道。

·心得·

总会存在有品位、重内心的男人，他们经得住金钱、地位、容颜的考验，能够欣赏像叶子一样朴素的女孩，与之共度一生。

记得我有一个好友网恋了，男的约她见面，我说："这将是一个决定你们前途和命运的时刻，要慎重呀！"朋友问："那我该怎么做呀？"

“既然你们从未谋面，你不妨告诉他过去的日子你们只是在网上相爱，也许并不适合，就让他先来做个决定吧。在你们即将见面的地方，他将会看见一个戴着一朵红玫瑰的女人从他面前走过，那就是你。如果他觉得你适合做自己的女友，就请拦住，否则就没有必要相认了。因为你是个漂亮的姑娘，渴望的是一份真正的爱情，所以那个‘戴红玫瑰的女人’不妨找一个其貌不扬的姑娘来扮演。要是他还能不退缩地去爱，那他就能经受住爱情的考验，你再让他前来和你相见。”

让我欣慰的是，这个男孩子真的经受住了考验。

被沙子绊倒的人

——羞怯不是爱情的表达方式

爱很重要，
懂得表达更重要。
在正确的地方遇到正确的人，
哪怕时间也正确，
但表达不对，
爱情的花朵也就不会开放。
把爱说到对方心窝里，
把神箭射中，
爱才会与你一同牵手。
正确的表达，
是爱情的神。

在通信工具不发达的前些年，我们都喜欢用小纸条来传情示爱，因为它不仅可把嘴巴“不好意思”说出来的东西用文字表达出来，而且还可以在写作过程中涂涂改改反复酝酿，以免“说”出不当的话。

然而，即便是热恋中的情侣，如果没有理想的沟通渠道，也将会是一件很危险的事。有些人在心仪的人面前，由于羞怯，或害怕失败，不敢当面表白。结果，爱神向这些勇气不足的人开了个玩笑，丘比特的箭射偏了。

有这样一个男孩，喜欢上了他偶然光顾的面包店里一个卖面包的女孩。从那天开始，他每天都去买那女孩的面包。已经一个月了，她每次都笑盈盈地，轻巧地收钱。她一切的美好都烙在他心上。男孩太害羞了，不知怎样才能让女孩明白他的一片深情厚意。

他想，生日那天请她喝杯咖啡吧，但嘴上是说不出来的，最后决定：写个纸条，买面包时夹在递给她的钱里。

练了几十遍后总算满意自己的作品，低头一看，手心里都是汗。

那天他故意多买了一些，为的是塞一堆零钱过去，而零钱里藏着一个初恋男孩的全部秘密。尽管心怦怦跳得厉害，还是微笑着递了过去，甚至还暗暗使了下眼色。她一如既往地微笑着接钱，似乎也没发现什么异常，就一把扔进了钱柜中。

晚上7点，他在绿屋咖啡店一直等到9点，始终没见她的影子。

最近一段时间，她觉得奇怪：那个男孩，每天准时来，一声不吭，买了就走，慢慢地竟产生了好感，不明白这是不是恋爱？但一想起来，就满心都是欢喜，尤其每天见到他，就感到活得很充实，因此也尽量收拾打扮得干净、漂亮点，可以对着他笑笑，最后说声“走好”。

在这个很美好的艳阳天，她终于决定：爱了就得告诉他!

她准点上班，心里还是有点紧张。她也奇怪，他今天怎么买那么多，心里只想着把兜里的小纸条得赶紧送出去，数都没数就把钱扔进抽屉。

她用袋子迅速装好面包，袋子里神不知鬼不觉，丢进了那写着“今晚6点半在门口等我下班，好吗？”的纸条。递给他时，她意味深长地一笑。可爱的男孩，应该能收到这爱的信号。

但下班时，她在门口满怀希望看了又看，等了又等，也没见一个人影。在8点时，她失望地走了。

那晚他酩酊大醉，次日又大睡一天，傍晚才觉得肚子饿了，可面包被家人分吃完，袋子也丢进了垃圾箱。谁也没留意那纸条。

当晚她蒙被而泣，原来，爱竟这么痛苦！还没开始就已结束。第三天才挣扎着去上班。一去就听见同事说：放钱的抽屉里怎么有个纸条呢？说什么绿屋咖啡店，谁啊？神经病！

哦，她根本就没想到这一点。所谓爱情，不过是凭空想象。可也奇怪，那男孩从此再也没来过。

也许是造化弄人，但他们的说爱方式是不是也值得反思？

·心得·

许多人自始至终都想着那个未曾得到的人，之所以没走到一起，就是不懂得恰当地表达爱。有一个女孩跟我说，她当年这朵羞答答的玫瑰，表达爱是把“I love you”写在他家门前的雪地上。而再厚的雪也承受不了阳光丝毫的重量，结果太阳一出，爱就随之消失殆尽。

我还记得一位要好女友问一男生爱不爱她，男生明明很喜欢她，口里却说“不”。后来，她就成了别人的女友。

你是一个懂爱的人吗

——明明白白你的爱

爱情是什么？
你爱的标准是什么？
你爱上他的什么了？
你打算怎样去爱？
婚姻可以糊涂，
恋爱一定要清醒。
不要盲目地去爱，
不要一阵风似地去爱，
不要在爱中丧失了自己，
否则的话，
你得不到你想要的爱情。

恋爱中，常常会被问：“你为什么爱他（她）？”很多人往往这样回答：“感觉呀！”感觉好就上，感觉不好就拉倒。什么是感觉呢？能说出个子丑寅卯吗？回答往往是“只可意会不可言传”之类。爱情真的只靠感觉吗？你的感觉是什么呢？你真的明白爱情吗？你爱的是爱情的什么？

你错过爱情的什么啦

读安徒生童话，有一个《蝴蝶》的故事。

一只蝴蝶想在群花中找到一位可爱的小恋人，可是她们的数目太多，选择很不容易。蝴蝶有点怕麻烦，就飞到雏菊那儿去，因为雏菊富有智慧，能作出爱情的预言。由于蝴蝶的称呼不当，他什么也没问到。

蝴蝶想了一个笨方法——一个一个地找。

刚到初春，他便开始了寻找。首先飞到正在盛开的番红花和雪形花，他认为她们好看是好看，但是太不懂世事。他就飞到年纪较大一点的秋牡丹那儿去，可他觉得这些姑娘未免苦味太浓了一点。紫罗兰有点太热情；郁金香太华丽；黄水仙太平民化；菩提树花太小，此外她们的亲戚也太多；月季看起来倒很像玫瑰，但是她们今天开了，明天就谢了——只要风一吹就落下来了，他觉得跟她们结婚是不会长久的；豌豆花最逗人爱：她有红有白，既娴雅，又柔嫩，她是家庭观念很强的女人，外表既漂亮，在厨房里也很能干。当他正打算向她求婚的时候，看到这花儿的近旁有一个豆荚的尖端上挂着一朵枯萎了的花，就认为这花将来也会像她一样了！

春去夏来，转眼到了秋天，他还是没找到自己的恋人。

生活中有些老大难的人，就像那只蝴蝶，一直不清楚自己的择偶标准是什么，甚至过了而立之年，还孑然一身。

从来都以为安徒生的童话是写给孩子们看的，但愿这个故事能让那些老找不到另一半的人明白自己错过的是什么。

- 你要做哪种女人

世间的人们，常常被爱情的各种是非困扰。戴安娜的故事曾经被人们街谈巷议，可至今，我还是想问，假如查尔斯王子只是一个普通的男人，那么19岁的戴安娜还会在明知他另有所爱的情况下嫁给他吗？

可想而知，要是这样，美若天仙的她绝不会做出那样的选择。但假设是不成立的，她毕竟选择了愿意。她为什么会愿意？可能很大程度上是为了那顶王妃桂冠吧？

与此相似，看过《亨利八世和他的六个妻子》这本书便会知道，就在亨利八世杀了他的第一个妻子时，为什么还有女人肯赴汤蹈火地嫁给他。

其实，就算他杀了十个老婆，后面还会有女人前赴后继地自荐枕席，因为他是亨利八世啊！嫁给他，自己就是王后，自己生的孩子就可以继承王位。毕竟这是通往荣华富贵最近的一条路。当然，这也往往是通向死亡的最短之路，但在最终结果降临之前，普天之下的女人都会认为这其实是通向幸福的最容易的路吧。

我认为，戴安娜的爱情观代表了我们许多寻常女子的爱情选择。现实中的很多女人，对爱情的指望太多，期待从爱情中得到"附加值"，期待从对方身上得到提升。甚至有许许多多的爱情指南书，大大方地告诉我们女人，干得好不如嫁得好！为什么不能一举两得，嫁一个优秀的男人，既得到爱情又得到财富？只是世界上哪里有那么多便宜事？有几个女人能善始善终？

然而，很多女人都不肯罢休，对大款、对权贵仍心驰神往。有些虚荣的女人，嘴上不说，或说的是很冠冕的另一套，可心里何尝不是这样想？特别是那些没有尝过富裕生活滋味的女人。

可这样的爱情，往往都会出现问题。就像戴安娜一样，最终得到的是她当初始料不及的悲剧——被最爱的人抛弃。更严重的，落到比亨利八世的妻子更悲惨的结局——失去了宝贵的生命。

反过来，富人家的女人又怎么样呢？我们从电影和小说容易看到，富人家的女人竟然会偷情，这样的事甚至在封建社会就不少。要知道在那个时代，一旦被发现就要被处以沉海坠河的死罪啊！

为什么这些人会冒天下之大不韪？试想，是什么让罗密欧与朱丽叶生死相随？是什么让温莎公爵舍弃江山和王位？难道真的是因为他们幼稚或一时冲动？

不是！爱是一种无法替代的感情，除了和你爱的人在一起，否则你无法感受到爱的幸福。

只是现实社会中，许多女人既渴望感受到爱情的幸福，同时又似乎更渴望体验爱情附加值的感受。但是我要告诉你，爱情的附加值是可以替代的。当你幸运地通过爱情而获得财富，特别是你还借此成长起来，你就不愿再忍受当初那个男人，你对爱情的附加值就不是当初那么看待了。

也许你还会问，有些人找了个有钱的老公，不是过得挺好的吗？我要告诉你，只看得到外面的光鲜，看不到内里的真相；只看得到一时，看不到长久。世界上太多的大款移情别恋，甚至由此酿成的悲剧，难道还少吗？前面讲的戴安娜，就是最好的证明。

说了这么多，讲个故事吧。有人给一个女孩介绍了一个英俊的男友，有房，有正式的工作，只见了一面，她说那男的不喜欢读书，没共同语言。就在这时，一个外地来的打工仔看上了女孩。前后两个人，条件差距太大，她问她的一个姑姑说，找哪个更好。姑姑说，你心里喜欢哪个，哪个就最好。然而女孩的其他朋友，都不赞成。

女孩姑姑所说的其实是大实话，当然其他人说的也是实话，只是他们只看到生活的艰难，姑姑却相信爱情的神奇。

• 别把自己的思想“嫁”给对方

还有的人，在恋爱中，往往会失去自己。他们告诉对方，只要你喜欢的，我都喜欢。我把这种做法称之为：把自己的思想“嫁”给了对方。

我有个邻居朋友，其实他是个很有主见的男人，在公司里做得也不错，但在女友的身边，每次都将自己的意见犹豫着咽回去，而后给她的任性的霸道一个宽容的微笑。

我那时还单身，不怎么懂爱情，但每每看见他那样小心翼翼地哄着她说“只要你喜欢我就喜欢”，我还是很想走过去问他一句：“真的是这样吗？”

相处久了，我发现他们竟然老爱吵架。女孩子的分贝起先还低，后来是一路高升，我有时候需愤怒地敲他们的门，才能让他们的争吵停下来。都是些不值一提的小事，但她却非要分出个你胜我负，非要他先停下来说自己错了，才肯罢休。她已经习惯他的隐忍和退让了，而他的心毫无保留地全交给了她，甚至想要索回自己的那一半都不可能。爱情的力量有时也是很可怕的，我想。

不久，他们又吵开了。我从他们激烈的争吵里，听出是她喜欢上另外一个男人，那个男人恰恰是他的朋友，最好的朋友。他疯了似的一遍遍责问她：“为什么？”她被逼得没法，只用了两句话就将他的话全部堵住了。她说：

"你说过的，只要我喜欢，你就喜欢。那我也可以转说给你啊，只要你喜欢，我就喜欢；你喜欢你这个朋友，那么，我为什么不可以喜欢？"说完她就转身走掉了，留给他一个空洞洞的房子。

这个男人，早就丢掉了自己的心，直到失去爱情，他才发觉。因此，我们在爱上某个人的时候，就应该明白无误又勇敢地让对方知道：你喜欢的，我未必喜欢。我不能把我的思想"嫁"给你，否则，最终牺牲掉的，将会是你的爱情。

·心得·

爱情是什么？可能每个人都有自己的答案。但重要的是应当有懂得爱情之道这把钥匙。

不要盲目地世俗，不要迁就而要包容。不要只会走"别人"的路，你要有自己的思想。

有的人直到分手的那一刻才明白，无论多么爱她，也要忠于自己的内心，刻意地讨好无法挽救一场病危的爱情——顶多只能治标，无法治本。

没有男人的房子不叫家

——当他变心，请给你的爱一条出路

面对所爱的人变心，
一哭二闹三上吊，
不是解决问题的好办法。
面对破裂的感情，
纠缠不休，
说不定会生出悲剧。
该放手时就放手，
爱了，是缘在；
不爱了，是缘散。
缘分过了让他走，
好过朝思暮想想不透，
好过斗来斗去斗不胜。
爱，一半是付出一半是成全。
从心结束，从心开始，
新的幸福也会随之开始。

《变心的翅膀》是一首老歌了，今天再次听到，内心五味杂陈。现如今，分手、婚变、离异等感情问题，似乎已经成了家常便饭。生活中充满着这样那样的变数，好好的一对突然有了问题，人们对爱情也忧心忡忡。据说外国都发明了婚姻保险，我们身边也有些家庭流行制定爱情条约。

然而感情危机还是频频发作，恋爱分手率、家庭离婚率一直走高。

面对感情的嬗变，你是怎么看的呢？下面这个故事，也许对我们会有启发。

想当年，她和他相当恩爱，爱到离开半步就要想念。他对她许下很多海誓山盟，但这一切没有挡住他变心。

她哭了又哭，求了又求，但男人的心早已走远。轻易地，就放弃了一段感情，她不忍，与他死缠烂打。于是，一所空房子出现了，他常常不回家，偶尔回也和她形同陌路。就这样，走过了十年。

这是个什么样的十年？这个十年里，她面容憔悴，身心疲惫，也无心收拾打扮……

再看房子，虽然偌大，但没有男人，只有女人。她独自守着一屋子的寂寞，想等待那个变了心的男人回来，但等来的，再无温柔，只是冰凉的言语和冷酷的眼神！

终于有一天，她对他心死了。足足历经了十年的炼狱。是的，十年时间，足可以杀掉一个女人所有的情与爱，所以她想通了，她放弃了。

也就在她放弃这段感情不久，就有一个很爱她的男人走进了她的世界。原以为自己这生再无爱情了，没想到，他给她的爱却是那么的好。她对自己过去浪费的这十年真是后悔死了。

这个女人就是蔡琴。蔡琴，用了十年的时间终于换来了心清心明，终于感悟了“没有男人的房子不叫家”。再好的房子，也不能只有一个人，否则这真的不叫家，也无所谓婚姻。再简单的房子，只要有一个好男人、一个好女人，在里面过着柴米夫妻的生活，一起做饭一起看电视一起研究明天吃什么，哪怕偶尔吵个架……也是一个温暖的家，也是活色生香的爱情。

之所以写这篇文章，就是因为生活中，有不少女人，当然也有男人，会做类似不值得做的事，总是选择不该选择的那一种身份。

·心得·

没有男人的房子不叫家，没有女人的房子同样也不叫家。

相爱是福，单恋是苦。当感情走到无法挽回的地步，不如好聚好散。

有句话说得好，该出手时就出手，该放手时就放手。

正如莎士比亚所说："该放弃的决不挽留，该珍惜的决不放手。"

放手，也是给自己一条出路，否则深陷其中，只能一直痛苦下去，闻不到爱情的花香。

初恋是个冻结的账户

——珍惜当下的感情

暗恋是美的，
就像一朵含苞未开的花朵；
初恋是美的，
就像第一次接触春天。
有人说暗恋不是爱情，
因为爱情是双方心灵的互动与交融；
有人说初恋是个冻结的账本，
但不要用它代替你的结婚证。
每个人都应当懂得：
珍惜该珍惜的，
放弃该放弃的，
忘记该忘记的，
实在忘不了，
那就把过去当做一段美丽的记忆，
但别让它误导了自己的生活方向。

"当我们和初恋失散的时候，我们是否又在人海里苦苦寻找着，哪怕只找到了影子，初恋的影子，也会是那样的开心呢？"

初恋，是个美好的字眼，足够诗人写一生都写不完。然而，生活中，很多人却被初恋影响了自己的感情生活，让自己活在感情的阴影里，体验不了当下爱情的美丽。

讲两个故事，希望能帮助这方面的人士摆脱初恋的魔爪。

炎炎夏日，只有恋人的怀抱是不热的。

她任他抱着，微微的风抵不过一天的暑热，虽然已晚上9点，但天热得使每个毛孔不停地往外冒汗，周围还有蚊子在叫。

他们都是薪水很低的进城打工者，连住都是跟人家合租，如果单独想住一起，不是生活不便，就是中心地段房租太贵。城市里的爱情，需要算计每一分钱。两人捉襟见肘，不可能去茶馆咖啡厅，商场清凉却没有坐处。

他们终于想到了一家自助银行，灯火通明，角落有椅子；里边，凉快，没有蚊子。

有时，穷人的爱情最不牢固。说不清什么原因，他突然离她而去。

后来她生活变好了，也恋爱，而且是在优雅的茶馆。可那个第一次约会就下雨的天，又勾起了她的过往。看窗外的雨，点点打在玻璃上，滑下去，马上又有新的扑上来，如同自己的爱情，换的只是主角。自己隔着窗子，看得如此清楚，毕竟也还是隔了一层。事实上，自从初恋走后，她的心就和爱阻隔了，再没有男人能让她飞蛾扑火。

她后来还是结婚了，但是她并不爱他，尽管优秀的他百般体贴。其实那个曾经的男人只不过在爱的存折里为她存入了一点一滴的情感，而她却始终守着这个早已冻结的户头。

忘不掉初恋，被初恋的影子暗淡了现在婚姻的光芒，在古代和国外依然存在。记得明朝时的永淳公主因没有选到心中的白马王子，一直过得不幸福。后来，隔着帘子见到她的梦幻情人——一个中年人，胖得离谱，模样怪异，再看身边的老公，顿时顺眼了许多，于是跟老公快乐地度过了下半生。

在国外，有这么一个故事。许多年前，马克尔被迫与富家女露茜分手，之后邻家女孩芭丽走进了他的情感视线。他们的婚礼朴素简单，芭丽穿着纯白的棉布裙子，在院子里采了一朵洁白的山茶花插在发际。"我是不是最漂亮的新娘？”她顽皮地问。马克尔一把抱起这个温柔的姑娘说：“当然！”从此，山茶花就成了他们的爱情信物。

随着时光的流逝，他们的感情也由浓郁变得平淡。结婚十五周年的日子，芭丽特意提醒丈夫：“下班后能采一朵山茶花送给我吗？我想尝尝当年的感觉。”

可下班的时候，因为一个重要的晚宴，马克尔并没有与妻子一起庆祝，更没为妻子采山茶花。

晚上回到家，看见妻子神经兮兮的样子，马克尔不禁想起当年和露茜在一起的幸福时光。他打开放在柜子最深处的一个红木匣子，那里面珍藏着他和露茜的几十封情书，看着看着，他的心不由一动。

更巧的是，几天后在一个旋转餐厅他点了啤酒，闷闷不乐地大口喝起来。一个温柔的声音忽然传入耳朵：“少喝点，要爱护自己的身体。”是露茜！他猛地转过头，看见了露茜那张清瘦的脸。“露茜，怎么会这么巧？”

“是啊！”露茜也激动地说。他们相谈甚欢，记忆中的点点滴滴都浮现在脑海。他们一起去了当初定情的酒吧，还有一起走过的老街舍、河边的草坪，一切还是那么浪漫、美好。

到了很晚，他才回到家中，却发现妻子不在，只留下了一张字条：“我知道我们之间出现了一些问题，也许大家分开冷静一下比较好！”马克尔看了字条，觉得这未尝不是个好方法，而且这也更方便他和露茜叙旧。

他们依旧沉浸在浪漫情怀里。但当露茜提到“离婚”时，他还是犹豫了，夫妻多年恩情又怎能一下子割舍呢？后来，露茜打开电脑，把芭丽发来的电子邮件给他看。

“前不久，我查出了自己得了肝癌，很奇怪，我第一时间不是害怕，而是担心马克尔的将来。我也曾做过傻事，跟踪他到夜总会，看着他逢场作戏，我的心就在滴血……他应该有一个贤惠的妻子而不是欢场上的舞女，应该有人专门照顾他的饮食，因为他有糖尿病，很多东西不能入口……这些事情，若非真正爱他的人，是不会细心体贴地为他做的。我知道你们当初分开是迫不得已，所以我翻他锁在抽屉里的情书，找私家侦探寻找你的下落……他的心里一直有你，而我心中一直有他。”

马克尔的眼睛湿润了，原来这一切都是患有癌症的妻子一手导演的。露茜说："芭丽一周前住进了纽约的医院，医生说她的情况很糟。"

马克尔失魂落魄地回到家中，生活了几十年的家忽然如原始森林般陌生，他不知道拖鞋放在哪个柜子里，西装、领带该怎么熨烫……他一直以为自己是芭丽的天空，反而是妻子以柔弱的双肩为他撑起了一片天空。

第二天一大早，马克尔就办妥了公司的移交手续，抱着一大束白色的山茶花去看妻子。

还有这样一个女人尼娜，现在已经是四个孩子的母亲，繁忙的家庭生活让她都有点承受不了。忽然有一天她收到了一封奇怪的信。她拆开了信封，信里的字迹闪烁出一段记忆，但这太突然了。她觉得不知所措，以至于不能去开启她的过去。她的心开始像长了蝴蝶的翅膀一样快速跳动起来。

这是一封述说着她那迷失已久的爱情故事的信，是她的初恋男友写来的，信不长，却非常动人。尼娜觉得那随时光日渐消逝的记忆慢慢地倒流到她的大脑里来。拉里是她的大学同学。他们计划在毕业后，等拉里一找到一份好工作就结婚。可是，拉里老找不到工作，而在这段时间内，乔治出现了。乔治是一个文雅、英俊的男人，并且已经拥有一份很好的职业，他向她求婚。已经厌倦了等待的她，渴望着呼吸新鲜的空气，于是，她就随乔治一起步入了婚姻的殿堂。

如今，十年过去了，一封信像一只翅膀上带着用彩虹的颜色写下的语言的蝴蝶一样飞进了她的生活。约定的日期到了，她开车前往。

与河桥的距离越来越近了，她的头脑也越来越清醒，理智开始战胜激情。"我怎样去做"的问题变成了"我为什么要去做"，她的记忆开始慢慢地消退。现在，她能够看见那座桥了，在距桥一百码的地方停车。

终于到了，可她的情绪一丝也不激动。此刻，拉里正背对着她站在桥的拐角处，看着桥下那奔流的河水。听见她的脚步，拉里朝她转过脸，岁月似乎已经把他的精力消耗完了，他看起来就像历经数年的时间跋涉了万水千山一样疲倦。尼娜再一次失望了，他现在的出现并没有送来一丝新鲜的空气把覆盖在她心头的那些令人不满的迷雾洗涤掉。他使她的希望破灭了。"我现在有太多的东西不能失去，我不想失去我那十年的生活。"她做出了决定，然后转身往回走。拉里跟在她的身后向她跑去，可她已经走到她的汽车旁。拉里喊她的声音里充满着一种热情的哭音："尼娜！"她打开车门，坐了进去。拉里突然停住脚步，眼睛里带着惊异的表情。尼娜掉转了车头。

·心得·

有的人始终忘不了初恋，那一段唯美的爱情印象叠印于往昔的重重时光。他在哪里？他还好吗？梦绕魂牵的挂念，婆娑了这么多年的泪眼。回首望去，伊人如旧思念瘦。

但我们不能让过往的那段情囚住了自己的生命，因为只有现实的这份爱才能让生命重放异彩。

请相信，最近的人，才是自己的最真的爱！

也有些感情，在经历了七年之痒后，没经受住考验，以往的激情早已被生活的琐事消磨得无影无踪，此时昔日的恋人又出现于心头。可一旦真的见着过去的他时，也许真的相见不如怀念。

还有的是当初因为某种原因，彼此错过了，爱始终存在心里。其实一旦错过了就是错过了，最好是不道再见也不再相见，因为没有谁可以逾越时间这条长河。如果硬是要穿越岁月的痕迹去复制那些回忆之中的美丽，那我们便又会错过了现在。

爱情不需要猜测
——信任是爱情的基石

相信对方，
不要有点风吹就暗寻铁证，
倘若怀疑，
诚实也会被当成欺骗。
只要被爱着，
何苦搜寻他心灵抽屉隐匿的瑕疵？
“我面对太阳而立，
就是怕你看到我身边的阴影伤悲。”
信任是婚姻的基石，
没有信任的婚姻，
就如一潭死水，
更似深不可测的陷阱。

当今的社会有很多让人奇怪的现象。人们的思想空前开放，女人的衣服愈穿愈少，把身体的很多地方都暴露无遗，可本不穿衣服的狗，却又穿起了衣服。还有人说，现在的社会，连孩子他爹都可能是假的，你让我怎么信。

按说，当今有着开放思想的人们，心灵也应该更开朗豁达才对，可事实未必如此，很多人对对方相当地怀疑、不信任。电话、手机的出现，是为了方便人们的沟通交流，可居然有广告说，用他们的产品可以知道对方的电话的通信内容。

人们的不信任，居然到了这个地步。

当然，很多人倒是没有用这种高科技，而是用自己的亲身行动，比如暗地跟踪、询问对方朋友等多种办法，去了解对方的忠诚。这正如2010年央视春节联欢晚会上那个深受人们喜爱的节目——郭冬临等人的小品《一句话的事》所说的“你用谎言去验证谎言，得到的一定是谎言”。

事实上，人们根本就不该欺骗，不该不信任。生活中本来也没那么多事，都是我们的互不信任，搞出了很多事。

- 爱情路上不该有的秘密旅行

她爱他，爱到心里容不下对方心中有任何异性的影子。一次偶然的谈话，得知他曾经恋爱过，这下她不干了，非要弄清他和那个女孩的过去和现在。她千方百计，声东击西，软中带套，弄出了一些基本的信息。

那是一个晚秋傍晚，满树满地的黄叶一起簌簌声响，仿佛一种细微持久的叹息。就在这一瞬间，她做出了一个决定，明天要进行一场秘密的旅行。

那个女孩的叫樱，在另一个乡村小镇的一所小学教书，她坐了三个小时的火车，又坐了一个小时的车才到了那学校。

恰好是放学时间，众多孩子嘈杂欢快的叫喊声，她出现在门口接孩子的家长中间，茫然地张望：樱，你是什么样子的呢?

远远的有一个年轻女老师慢慢走向校门，穿着跟她差不多的裙子，长发飘飘。她死死盯着她：是不是真的这样俗套？一个跟自己相像的女孩，或者是她与樱相像。

她感到有点晕，突然看见一双静静凝视她的眼睛。

那是一个小个子的年轻女孩，穿一套学生样的运动衫，背一个浅色的挎包。

“你找谁？”她声音低柔清晰，一字一句。她的眼神不是锐利的那种，甚至是小鹿一样柔软亲和的，可这样的眼睛让她实在莫名地慌乱。“没有找谁，我在等……一个朋友。”

她转过头，径自走开。

但很快，又重新走回来站在她正对面，很确定地看着她惊愕的脸，说：“你要等的是我吧？我是樱。”

她跟着樱来到一个叫“绿野仙踪”的地方。

樱点了两人的煲仔饭，说：“这里的煲仔饭很清淡，你刚坐完车不会反胃。”

她很惭愧地看着她。

樱平静地问：“我知道你是为他而来，想知道些什么呢？”

“你一定知道他跟我是很久以前的事。那时他学习很好，体育很好，人也很好，很多女孩喜欢他。我主动向他表白，后来就好了。那时我们都还小，可能他并不知道自己喜欢什么样的女孩，只是被动地接受了我吧。”

停了一下继续说：“后来他上大学离开家乡，我在本市上师范，我们仍然维持着。一直到后来他遇到了你，他一下子就喜欢上了你。”

她吃惊地抬起头：“在我和他认识时，你们还在一起？”

“是的。他痛苦很久，怕伤害我，但他喜欢的是你。寒假的时候，他回来把一切告诉了我。他的钱包里有你的照片，因此我知道你长什么样。他为你做出背弃我的事情，你知道这让善良温和的他多受煎熬。因此，虽然我不知道你们之间发生了什么，但请你无论如何要善待他。他曾经告诉我说不愿把这些说给你听，因为他怕你从此背负第三者的包袱。他希望你快乐。而我，也希望他能快乐。”

她无比羞愧地看着这个悲伤的女孩：她多么纯净善良，真诚地劝慰一个远道而来的女孩，而这女孩，是抢走她恋人的敌人。她完全可以不理睬自己：一个得到了幸福的人还要来不依不饶地无理取闹。

热腾腾的煲仔饭上来了，大团的热气模糊了两个女孩潮湿的眼睛。

这是她生命中的一次秘密的旅行，沿途经过寂寞的田野，纯净的天空，遇到善良光明的人，最后到达人的心灵最深处。

生活中，许多人就这样对自己心爱的人疑心重重，猜忌不断，甚至像上面那个女的，要了解个清清楚楚明明白白。这样的人，在生活中还不少，要不，也不会有专门窥探他人隐私的产品出现。

事实上，就是知道了，对于彼此的感情又有什么好处呢?

· 猜谜富姐的情感“杯具”

我知道这么一个女孩，她不用什么高科技产品就能猜出对方的心思。她当初下海，还是白手起家，就凭此，没几年就打垮了当地的所有对手。

可以说无论在谈判桌上、竞标场上还是在拍卖会上，她总能猜中对手秘定的方案及数字。开始是一些小项目小数据，人家以为是女人天性敏感所致。到后来在十分巨大的足以让人倾家荡产的数目上她还是百发百中，于是人们便称她为天神。

可就是这样的女人，尽管在事业上是一位佼佼者，可在情场上却不受男人喜欢。不但她的丈夫不喜欢，早早地与她分了手，连她的男性生意对手也不喜欢。

时间一久，她深感乏味，便从生意场上撤回资金投入股市，又是大发。

令人不解的是，这么聪明的一个人，人际关系却很糟糕。别说姊妹，连唯一的弟媳也早与她断了来往。到这种地步，她还常数落亲人：“他们在想些什么，瞒得过别人还瞒得过我？还不是算计我的钱？”

据说，这个女人年轻时不仅长得漂亮，还就读于一所很有名的大学，而且还是那一届学习成绩最优秀的学生。老师评价她：该生聪明过人，特别擅长的是猜谜语。

可惜的是，她聪明反被聪明误。把生活中的一切都当做猜谜，不免就演变为猜疑了。她猜对了许多，但最简单的事情，却猜错了。

· 猜疑出烦恼

关于猜疑对方，现在有些年轻人喜欢用一些稀奇古怪的八卦测试，来判断对方。有人还美其名曰，这是运用心理学，叫心理测试。

比如，有个女孩就这样测试自己的那一半：“假如让你到超市采购下周的食品，就在你边逛边想该买些什么东西时，面对甜点、肉类、蔬菜、饮料等四种，第一个闪过你的脑海的，并且必须买的是什么？”

男孩说：“当然是肉了。”女孩抖出答案：“出家人之所以吃素，就是为求清心寡欲。回答‘肉’，说明肉类和肉欲有关，一想到吃完肉，就说明你潜意识当中存在着希望有一次出轨之旅。”事实上男孩根本就没什么外心。

女孩不服，又找了一道题，要证实一下：“半夜饿得饥肠辘辘，忍无可忍，有位仙女给你送来四碗面，分别是牛肉面、炸酱面、什锦面和阳春面，你选哪一碗？”

他们恋爱时，他总是请她吃牛肉面，结果这次他要了牛肉面。女孩把答案甩在他面前：“你是个脚踏两只船的男人，只要有美女投怀送抱，就会半推半就地玩起三角恋。被发现后，会有所收敛，但不用多长时间，就很可能再犯。”

男孩哭笑不得，决定对老婆反戈一击，第二天也扔给她一题，并补充说：事关大局的稳定，切记要慎重。女人仔细一看：“按你的喜爱程度，对老虎、牛、麻雀、狐狸等动物进行排列。”

她想：老虎凶猛残暴，但充满活力富有朝气；牛有点笨，倒也老实厚道；麻雀灰不溜秋，整天叽叽喳喳让人不得安宁，只是身体还算灵活；狐狸虽然有点狡猾，但它机智。做女人当然要智慧，不能头脑太简单。由此，她得出了这样的答案：狐狸、牛、老虎、麻雀。

男人一看就乐了，原来答案是：狐狸代表情人，牛代表父母，老虎代表权力，麻雀代表爱人。

女人突然明白，那些测试只不过是一种游戏，归根结底是我们对对方不够信任。

·心得·

人与人之间，原本只要不猜测就对了。天生不懂得猜疑，该是一种幸福吧——“青梅竹马，两小无猜”。

真正牢靠的关系是建立在信任的基础上，信任是婚姻的基石。生活中，你可以很容易地爱上一个你不信任的男人，但是要和他生活在一起就困难了。

如果你想有可靠的亲密关系，无论过去、现在或将来，你都需要相信你的爱人。建立信任需要真诚和努力，信任关系很容易被各样试探破坏掉，而修复起来就很困难。当你猜疑对方时，还不如反省一下自己。

其实，人与人之间互不猜疑，是一种修为。修得与修不得之间，猜疑是一段很长的距离。

像荆棘鸟一样觉醒

——给爱一点自由和空间

自由意味着对生命的理解与尊重。
如果你爱一个人就得给对方空间，
否则爱就会窒息；
如果你爱一个人就得给对方自由，
否则爱就是囚牢。
车与车太近，
准出车祸；
人与人太近，
准会有矛盾。
爱一只鸟就给它飞翔的蓝天；
爱一条鱼就给它游泳的水域；
爱一匹马就给它奔跑的草原。

萍姐的丈夫下海后逐渐忙起来，经常很晚才回家，连晚饭都在外面吃。萍姐乐得不用服侍丈夫，但母亲却紧张起来了，很认真地提醒她：“一个男人，如果连饭都不惦记着回来吃，那就危险了。要么有外遇，别人已经给他做了；要么他不喜欢你做的饭，宁愿在外面吃；要么……总之，防患于未然，还是小心点好。”

萍姐有点如梦初醒，有点慌了：是啊，知人知面难知心哪，这年头，什么事都可能发生。接下来，她开始暗寻铁证。而首先想到的就是丈夫的办公桌，因为办公桌有个抽屉，从她看见它那天起就一直锁着。心想，里面定有文章。

机会终于来了，丈夫熟睡后，她偷偷地拿了钥匙，蹑手蹑脚地打开办公室的门。办公室里一片沉寂，除了她的心跳之外就再无别的响动了。她的手汗津津的，紧紧地捏着那把能打开神秘抽屉的钥匙……

然而，就在这一瞬间她却没了打开那抽屉的欲望。只觉得自己好傻好傻。她想，人生不易呵，能被所爱的人尽心尽意地爱着，又何必还苦苦地去搜出他心灵的抽屉里那些怕自己难过而深深隐匿起来的瑕疵呢？

记得这样两句诗：“我面对太阳而立/就是怕你看到我身后的阴影伤悲。”如果你真心爱他，请慷慨大度一点吧，让你的爱人拥有一个小小的世界。

曾看过这样一个寓言，说的是古时候，在一座大山里生活着两只荆棘鸟，一只住在东山，另一只住在西山。

有一天，两只荆棘鸟在森林中相遇，它们大吃一惊，因为它们平生第一次遇到一只竟然跟自己长得一模一样的鸟。

两只鸟开心极了，并成为特别好的朋友，每天清晨都迫不及待地到森林中相会，一起飞翔、一起聊天、一起觅食。它们觉得彼此在一起的时间过得非常快，仿佛一眨眼间，黄昏就来到，不得不各奔东西。

此时此刻，它们都知道，自己已深深地爱上了对方，一刻也不能分离。

它们几乎是异口同声地说：“为什么我们不一起住到大山的中央？”

这就样，它们舍弃了各在东西的巢，一同在山中央筑了一个大巢。它们除了白天一起飞翔、聊天、觅食，每天晚上就能够一起回巢、依偎、睡眠。

然而，这两只鸟实在太相爱了，它们觉得这样还是不够，因为它们在林间觅食，偶尔还会失去对方的踪影，遇到捕鸟的猎人，也会因惊惶而失散。

一只荆棘鸟提议："为了激情燃烧般的至爱，不如把我们的翅膀相互捆绑在一起，我们就永远不会分开了。"

两只荆棘鸟在森林中找来最坚韧的枝条，把翅膀紧紧地捆在一起，互相对天发誓："这个世界上再也没有比我们更相爱的鸟了。"说完，它们才安心地在巢中睡去。

它们一直睡到大天亮，是灿烂的阳光把它们唤醒的。两只鸟一起唱着歌准备去觅食，当它们跳出树巢，却同时摔在地上。

两只鸟挣扎着爬起来，然而它们怎么努力都无法让自己起飞，这时它们终于恍然大悟："两只鸟虽有四只翅膀，绑在一起，却一只也无法飞。"

它们一起把枝条啄开，快乐地飞向美丽的蓝天。

一只荆棘鸟说："爱你，需要空间。"

另一只荆棘鸟说："爱你，也需要自由。"

泰戈尔说："你若爱她，让你的爱像阳光一样包围她，并给她自由。"

《读者》上有一篇很短小但很令人感动的文章《请让我拥有一个小小的世界》，文章是以妻子的口吻写的：

亲爱的丈夫，请你慷慨大度地让我拥有一个小小的世界。当我在纸上胡乱涂写的时候，请你不要在我身后偷看。那或许是在发泄我心中无法诉说的一种情绪，或是在构思一首暂时还羞于见人的小诗，或是再次拿起久违的彩笔勾勒童年的彩虹，请你让我信笔驰骋。

当我对着旧日的照片和书信沉思、垂泪或微笑的时候，请你不要打扰我。因为在你之前我还有一段属于我的历史，属于我的悲欢离合，属于我的青涩的橄榄和散落的珍珠。尽管我愿意和你分享这些回忆，但我还是想有一段时间独自品尝和细数它们。

当我和挚友、闺中好友小聚而你不能参加时，请你不要介意。你是我最好的朋友，但你不能代替我其他的朋友，如同朋友不能代替你，像需要你一样。我需要朋友的关心、批评、帮助和鼓励。没有星星点缀而仅有月亮高悬的夜空是多么清寂，请让我拥有一个星光灿烂的夜空。

当我偶然打起行装远行的时候，请你不要牵住我的手，尽管你是我世界的中心，却不是我整个的世界。我向往着万里云山之外的那些神奇莫测的秘密，请让我做一回“独行侠”，去探寻我的“爱丽丝仙境”。当我带着新的经历、新的感觉回到你的身边时，一定会令你刮目相看的。

亲爱的，如果你能给我这样一个小小的世界，我会对你充满深深的感谢。

人与人之间，最困难的就是保持一定距离。在这个距离上，既不至于冷淡了别人，也不至于损失了自己的独立。

因而，与人相交是心灵的艺术，夫妻之间也如此。

距离恰当了，感情反而会长久。

·心得·

两个人相爱着时候，总是渴望近些再近些，因为只有最近的相拥才是最炽热的爱情。

然而，这样做却忽略了每个人都有着自己的个性的刺，太近了，就容易被对方的刺扎伤……应该学会像刺猬一样相爱，留点空间给对方，也是给自己。无论我们多么恩爱，都应当让对方拥有一个小小的世界。

两只荆棘鸟多么恩爱，如果去掉距离，把它们绑在一起，就无法飞上美丽的蓝天，甚至连生存都成问题。如果不给爱人一点空间，爱情就会窒息而死。

第八章

The eighth chapter

身心除埃

——让健康的心自由飞翔

听从内心的声音
——坚持自己的舞步

凡俗的我们需要他人，
需要他人对自己的肯定；
凡俗的我们追随他人，
为了慰藉自己麻木的心灵；
凡俗的我们遵从他人，
通过别人实施催眠和自我催眠；
凡俗的我们渴望他人的光明，
却不懂得用心底的光明照亮自己。
跟随自己的心灵吧，
你才不会被他人的脚步绊倒。

邓肯的一生跌宕起伏，绚烂多姿，这在她坦率、闻名的《邓肯自传》中有真实可感知和深入人心的讲述。

这位诞生在大海边的女孩自幼不相信圣诞老人，而且蔑视一切陈规，讨厌所有的浮华做作，仅仅听从内心的声音。

邓肯还小的时候就自创了一种“新的自由舞蹈体操”，该舞蹈不同于当时舞台崇尚的芭蕾舞。和许多家长一样，望女成凤的母亲为了女儿将来能在舞蹈界有所作为，也把女儿送到一个著名的芭蕾舞老师那里去。

老师要求邓肯用脚尖站立起来走路。邓肯问为什么，老师说这样才能体现美。邓肯却认为这是违背自然的。结果没学几天，她就再也没去了。她厌恶芭蕾舞的程式化，厌恶那种约束人的舞鞋和束身衣。从那时起，她就朦胧地意识到她理想中的舞蹈应该是这样的：一定要表现人类的精神与灵魂，仅仅需要听从内心的声音。

邓肯告诉母亲，老师教的舞蹈与自己理想中的舞蹈完全不一样。母亲听完后，不仅没有责备她，反而说：“如果你认为自己的舞蹈才可以真正地表现自己，那么就勇敢地去跳自己的舞蹈吧。孩子，自由地表现艺术的真理，也是生活的真理。”

九年以后，母亲带着她来到芝加哥。许多剧团经理看了邓肯表演的舞蹈，都说不错，只是觉得不适于舞台演出。但她屡败屡战，百折不挠，拒绝了权贵们用以寻欢作乐的高酬演出邀请。她们一度身无分文，仅靠一箱番茄和母亲的支持维持了一个星期的生计。经历无数的坎坷波折，她依然听从内心的声音，依然“跨大步伐，跳前跳后，跳上跳下，仰高头，挥动臂膀，跳出我们先人的开拓精神，我们英雄的刚毅，我们妇女的公道、仁慈和纯洁”。

听从内心的声音，这给了她异乎寻常的生存勇气。她和母亲去了伦敦，在绝望的谷底得以重生，有幸遇到著名歌唱家坎贝尔夫人。这位夫人发现了邓肯新式舞蹈的价值。在坎贝尔夫人的帮助下，邓肯的舞蹈大放异彩，轰动世界。她振奋人心、难以超越的舞蹈思想和舞蹈动作影响了世界舞蹈的发展进程，最终成为“现代舞之母”。

还有这样一个人，他也是一个听从自己内心的人。他出生于一位富商的家中，早年严格的家教使他成为一名绅士，少年完善的教育使他成为文人，自己的勤奋又使他成为画家。青年时，他远渡重洋到日本留学，并在日本娶妻生子。这时的他可谓达到完美，他几乎都拥有凡人所能想到的所有优点：高大帅气，诗文书画，珍宝钱财应有尽有，而且家庭和睦。

正是这样一个人，在一个极其普通的夜晚，没有告诉谁，只身前往杭州一家寺庙遁人空门。

他的家人和朋友都来劝他还俗，但都被拒绝。有人问他为什么要出家，他只是淡淡答道："我想来就来了。"这句话令多少人震惊。在现今的世界上有多少人能够"心不为形役"？世俗的世界上让多少饮食男女承担了欲望的负载。他却轻松地从中走出，让人感叹也让人敬佩。

当时的国画大师金智勇也对他的行为不理解，并亲自到杭州看他。而他的回答却是："我能做到最好，所以我就选择了。"此后的他一心钻研佛法，足不出户，终于成了佛学专家，被人们尊称为"弘一法师"。这个人就是李叔同。

其实，面对纷扰的人生，谁也不是解脱者，也不是怎样认识并追随他，而是如何了解我们自己。所有作用在外在的心灵力量，都注定消耗和浪费。在任何时候，都不会有解脱者或权威能给我们关于自己的知识。

了解自己，跟随自己，抵制物欲的袭击，使心不为形役。即使自己不能成为圣人，只要心中有了圣人的目标，在别人眼里，你也将成为一位圣者。

·心得·

善于倾听永远是一种做人的美德。只不过在这个世界上，人们往往习惯听从外界的声音而不是听从内心的声音。听从内心的声音，心底的声音会告诉我们最真实的愿望和感觉。

听从内心的声音，才是指引方向的正确旋律！那和跟着感觉走是一个道理。所以说事事重在自我感受，从中发掘哲理与真谛，指导自己的人生！

德国著名诗人和剧作家席勒也是一个听从内心声音的人，他曾经被送到斯图加特的军事学校里学习外科医学。学校的管理像监狱一样，这令他十分厌烦，而对于作家职业又是那么地无限向往。于是，他破釜沉舟，冒着可能衣食无着落的危险开始在清冷的文字世界里畅游，很快创作了两部伟大的戏剧，闻名于世。

人的一生会面临很多选择，当我们茫然、犹豫、困惑，不知如何取舍时，那就听从内心的声音！听从内心的声音，听从内心的指引，我们就不会迷惘！听从内心的声音，走自己的路，才不会被别人所左右！

我赢了自己

——跟自己比赛

很多人都喜欢跟别人攀比，
比过对方就高兴，
比不过就失望。
攀比自然有一定的好处，
可以促使人们去努力，
是人们前进的动力。
但攀比更多的是害处，
增强了人们的虚荣浮躁，
是人生幸福的破坏力。
心中无敌，则无敌于天下。
不妨拿自己跟自己比，
只要有进步就是成功，
成功本来就是一天进步一点点。

美国作家威廉·福克纳曾说："不要竭尽全力去和你的同僚竞争。你应该在乎的是，你要比现在的你强。"他从小进入校园就爱跟别人比，自己必须是第一，否则就惩罚自己一天不吃不喝。

上了大学，他依然要求自己必须拿第一。可山外青山楼外楼，同学们都是从各所学校以优异成绩考来的，但倔强好胜的他并没有因此而退缩，更加努力，终于在大四那年，以四科全优成绩名列年级第一。

参加工作后他依然抱着拿第一的想法，可是社会是个大舞台，它太大，一眼望去，看不到边；它也太深，一脚下去，踩不到底。尽管他百般努力，依然拿不到第一。为此，他痛苦不已，渐渐地变得有些宿命、消极了。

一晃六年即将过去，一次他回父母家探亲，儿时的伙伴知道他回来，纷纷来找他玩，大家谈起小时候的事，还谈到小学班主任。听说老师家不远，就一起结伴去看老师。与老师见面，老师惊喜不已。而他却更加吃惊，都已经做了祖父的老师正在自学外语。看到老师头顶白发、戴着一副老花镜伏在案头，对着一本《大学外语》苦思冥想，他感到十分不解，都要退休的人，还有必要学吗？

等考完试成绩下来时，在与老师的通话中得知老师离及格还差几分。他正想找话安慰老师，没想到老师高兴地说："虽然没有通过，但我依然很开心。你知道吗？外语一直是让我最头疼的科目，过去没有学过，我的功底也不好，原想这次能考50分就行，结果考了57分。虽然没过，但我认为我考得很好，所以我并没有输，因为我赢了自己。"

听着老师的话，他握着话筒的手有些微微颤抖。

"我赢了自己"正是由于这句话，他又开始了已经放弃的画画。几年过去了，他已经成了一位小有名气的画家。

·心得·

冠军只有一个。这个世界上，更多的是默默无闻、跑到最后也没有拿到冠军与奖牌的人。还有像那位老师一样，没有通过考试，但这不是我们气馁和放弃努力的理由。因为人生首先是一场和自己赛跑的比赛，你的对手就是自己，你只要在场，只要不停下来，努力奔跑，你就会比昨天的自己进步一点点，成熟一点点，就会赢得自己人生的冠军。

跑，其实是一种人生姿态，是对生命本质的理解和尊重，是对生活最为真挚和深沉的爱。就像非洲羚羊，每天早上睁开眼睛的第一个念头就是：如何使自己跑得比狮子还快，否则它便成为狮子的美餐；而非洲狮子醒来的第一个想法亦如此：如何让自己跑得比羚羊还快，否则它就可能饿死。

你是羚羊还是狮子，并不重要，重要的是，当太阳一升起，你必须为生命奔跑。即使竭尽全力也跑不过别人，但一定要跑过昨天的自己。

砍掉你依赖他人的枝叶

——靠自己去成功

没有人能永远帮助你。
有人来帮，
也只是你一时的幸运；
无人来助，
却是公正的命运。
不要总想依赖别人，
习惯于依赖会使你的许多身体机能退化。
记住，别人只能为你引路，
并不能替你走路，
只有自立的人才能走遍天下，
靠寄生的人终将寸步难行。

生活中，不少人常有“托付思想”。什么是“托付思想”？简言之，就是把自己的命运托付给别人掌控。比如，某些人有“宿命”思想，把自己“托付”给上天，或者“上天”的化身，即算命先生；某些人有“救济思想”，希望政府、社会或他人来救济；某些人有“铁饭碗”情结，希望能把自己托付给某家单位；某些人总认为“老板会有办法的”，一遇难题，就渴望上司来帮自己解决；某些人幻想靠爱人，女人说“老公，我这辈子全指望你了”，男人则想“吃软饭”；某些人企望“在家靠父母，出外靠朋友”……这种“托付思想”是不对的，切记：自助者天助，要想操纵自我，掌控自己的人生，请从彻底清除“托付思想”开始。

人活的是一种心态。从成功学的角度来说，心态只有两种：积极心态与消极心态。拥有积极心态的人，能操之在我；持有消极心态的人，就受制于人。两种心态的差异就在结果的成功与失败。美国成功学院对1000名世界知名成功人士研究表明，积极心态决定了成功的85%。因此左右你一生的是你的心态，无论何时你都能依靠的人只有你自己。我们要做一个操之在我，而非受制于人的人。

沙漠中的狐狸养了一窝小狐狸，小狐狸长到能独自捕食的时候，母狐狸把它们统统赶了出去。小狐狸恋家，不走。母狐狸就又咬又赶，毫不留情。小狐狸中有一只是瞎眼的，但是妈妈也没有给它特殊的照顾，照样把它赶得远远的。因为妈妈知道，没有谁能养它一辈子。小狐狸们从这一天起便长大了，那只瞎眼的小狐狸也终于学会靠嗅觉来觅食。

与此相似，还有这样一个故事。

小蜗牛问妈妈：“为什么我们从生下来，就要背负这个又硬又重的壳呢？”

妈妈：“因为我们的身体没有骨骼的支撑，只能爬，又爬不快，所以要这个壳的保护！”

小蜗牛：“毛虫妹妹没有骨头，也爬不快，为什么她却不用背这个又硬又重的壳呢？”

妈妈：“因为毛虫妹妹能变成蝴蝶，天空会保护她啊。”

小蜗牛：“可是蚯蚓弟弟没有骨头也爬不快，也不会变成蝴蝶，他为什么不背这个又硬又重的壳呢？”

妈妈："因为蚯蚓弟弟会钻土，大地会保护他啊。"

小蜗牛哭了起来："我们好可怜，天空不保护，大地也不保护。"

蜗牛妈妈安慰他："所以我们有壳啊！我们不靠天，也不靠地，我们靠自己。"

说到此，我又想起一个历史故事。

宋朝著名的禅师大慧门下有一个弟子道谦。道谦参禅多年，仍无法顿悟。一天晚上，道谦诚恳地向师兄宗元诉说自己不能悟道的苦恼，并求宗元帮忙。

宗元说："能帮忙我当然乐意之至，不过有三件事我无能为力，你必须自己去做！"

道谦忙问是哪三件。

宗元说："当你肚饿口渴时，我的饮食不能填饱你的肚子，我不能帮你吃喝，你必须自己饮食；当你想大小便时，你必须亲自解决，我一点也帮不上忙；最后，除了你自己之外，谁也不能驮着你的身子在路上走。"

道谦听罢，心扉豁然洞开，快乐无比，他感到了自我的力量。

安德鲁·马修斯在《跟随你的心》中说："一旦过分依赖任何东西，人或金钱，你就完蛋了！人生的挑战，就是欣赏一切，不要依恋任何东西。当你对金钱松手时，它才会释放你。"一个人，只有自己才是最可靠的，如果没有个人条件，运气来了也会跑掉的。中国香港地产大王李兆基说："每个成功的企业家，并不一定是靠幸运成功的。幸运并不可靠，因为我们不知道，什么时候会幸运，什么时候会不幸运。"

·心得·

不要等成功来敲你的门，要靠自己去创造成功。

强者不是靠别人赐予的，而是靠自己成功的细节造就的。抓住一个成功的细节，就能改变一个人一生的命运。

每个人在成功的道路上难免遇到挫折，难免遇到失败，有赢有输才是人生。这世界上并非总是一分耕耘一分收获，但只有耕耘最多的人才能最少地避免失败。因此，我们应拼命做个人上人。人上人不一定是“早慧”，他们只不过不怕打击，也不怕别人恶意批评，他们只是认清自己的目标，靠自己的双眼、双手、双腿去迎接成功。

在我们的生活中，最重要的是要学会与自己赛跑，学会独立，会做自己的主人，快乐地走在人生道路上，靠自己成功!

不要把轻松的生活嫁给明天

——明天不是生活的全部

人们常说：健康是革命的本钱。
列宁曾说：不会休息的人就不会工作。
人不能嫁给工作。
关注自己的健康，
你的生活会更有质量，
你的家人也更快乐。
要善待生命，为自己负责，
不要对自己的健康不以为然，
不要以为金钱是万能的，
不要到病入膏肓才醒悟，
不要少年就得老年的病。

当今社会，提前衰老，提前得病，提前死亡成为普遍现象。很多人过着“吃得比猪少，干得比牛多，睡得比狗晚，起得比鸡早”的生活方式，他们信仰“40岁以前用命换钱，40岁以后用钱换命”的生存哲学，甚至有人提倡“60岁以前拼命工作，拼命享受，60岁以后死了也值”的人生观。

· 不必为将来而廉价生活

很多人都喜欢中国的这句老话：居安思危。这句话是有道理的，但一直以来，很多人都把“危”扩大了：总觉得人生无常，危机不在今天发生就在明天出现。另外，人们还说，在今天要努力学习，要努力工作，要省吃俭用，抓紧一分一秒奋斗，这样我们才会有个美好的明天。

忽然想起我在网上看到的署名为雨点写的文章《不必为将来而廉价生活》。文章的大意是：“我”陪同一家德资企业的Nina小姐去为她的三个非洲养女挑选圣诞礼物。在一家珠宝店，Nina小姐看中了一款价值18000元的羊脂玉项链，预备买下送给她的大女儿。这款项链确实很漂亮，圆润、光泽、有质感。可是如果买下了这款项链，给另外两个女儿买礼物的钱就不够了，这时“我”提醒Nina小姐何不为她的大女儿挑选另一款，与这款项链差不多式样，只是略微小点，并且在打折区内，只要6000元。这样的话，为三个女儿买礼物的钱就够了。可是Nina却睁大了眼睛说：“噢，她是那么的可爱，我觉得她非常值得拥有这条项链啊。”

对此，“我”很感意外。在“我”的概念里，只有什么东西买得值不值，没有听说过，哪个人值不值得某件东西。最后Nina还是为她的大女儿买下了那款18000元的项链。Nina解释说：很多人都有一种坏习惯，认为节省能让他们的生活保险，而现在的生活却过得潦草而廉价。其实这样做是对生活没有自信的表现，没有自信的人生是可悲的。

生活中我们大多数人何尝不是如此。在我父母的心目中，我们的生活一直都是需要精打细算，买东西要尽量买打折的，用他们的话说要细水长流，只有这样似乎才能保证明天能够有所宽裕。只是现在的生活却一直在打折中进行，日子也仅限于在能够生存上，根本不存在享受生活。所以，为了明天而省略了生活中应有的享受，这样的生活就已经是打了折了。其实，打折的应是商品而不应是生活。

诚然，一个人不能过分追求奢侈的生活，更不能挥霍无度，但也绝不能太克扣自己。日常生活，一些必需的物品还是要买的，虽然没有它们的时候我们的老祖宗也活了过来，但我们要看到，社会发展了，时代进步了，我们已经有条件享受一定的物质文明成果了，那么我们为什么还要放弃呢？是要怀旧还是要返璞归真？

我觉得，唯一阻止我们享受的就是我们的消费观——我觉得我应该把那一块钱省下来。我们从小接受的教育就是要勤俭节约，不要乱花钱。记得我上初中时劳动技术课专门讲过如何补袜子、补衣服，目的只有一个——节约。衣服、袜子漏了小窟窿不要扔，打个补丁还能穿，“新三年，旧三年，缝缝补补又三年”。现在如果再提“补丁”一词，大概人们脑海中反应出来的第一感觉应该是计算机软件的修补程序，而不是衣服上的“补疤”。

一切靠节俭。殊不知，靠牙缝里挤“钢蹦儿”是永远也富不起来的。要想成为有钱人，要用自己的双手去努力创造。节流只能治标，而开源才能治本。

不当家不知柴米贵。事实上，生活没有我们想象中那么难，我们为看不到的将来牺牲了太多。为了明天，我们从小就很辛苦；为了明天，我们长大后还得更加努力。其实，不管多少个今天离我们而去，明天总像传说那么遥远。我们为了明天，甚至牺牲了和家人在一起的机会，牺牲了和所爱的人相守的机会，牺牲了享受和朋友在一起的机会。

我们应当明白，可以百分之百享受的时候，千万不要让自己的生活打折。遇到爱的人时一定不要放弃在一起的机会，给得起现在就不要空许一个未来。活在当下，珍惜每一天，还生活一份真实。明天才更值得期待。

·心得·

有人说，人生一共四道试题：学业、事业、婚姻、家庭，平均分高才算及格，切莫将太多时间精力用在一道题上。你要是在人生这场考试中“偏科”，肯定是会吃大亏的。如果你看轻了婚姻与家庭，不去精心营造，明天的你又将到哪里去停泊？如果你忽视了健康，那你还有美丽的明天吗？

从工作中解脱出来，你将在工作中有更好的表现。要想职业生存和发展，你得充分享受业余时间。赫特夏芬在《时间转换》一书中，提出了一些建议：

（1）每天最少有30分钟的时间什么事情也不要做。

（2）每天的日程安排，不宜太满，准备一些计划之外的思考时间。

（3）花点儿时间做自己想做的事。

（4）每年花一周或更多时间放松，享受假期而非利用假期。

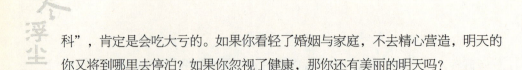

从《蜗居》的一段台词说起

——明白生活的意义

有人认为工作上的成功，
是人生唯一的成功。
有人在工作中遇到一点挫折，
就整天唉声叹气，
好像生命进入了黑夜，
好像什么都完蛋了。
事实上除工作外，
人生还有更多成功的境界。
即使黑夜也能看到更远的星星，
何必在一棵树上吊死？
换种方式，照样能成功。

电视剧《蜗居》里海藻有段台词，让人深有感触："人生的意义是什么？是让自己在日子中承受痛苦，还是为了享受欢乐？关键是每个人都这样活着，从没有人质疑，这样的生活到底对不对。只知道必须要工作，每天不停地工作。一个月工作22天甚至更多，像牛一样地工作一个月，而像小兔子一样欢蹦乱跳的日子只有发薪的那一天。人要用30天的紧张换一天的松弛，这种现实也太残酷了吧！"

人缺什么东西的时候，就会觉得所缺的东西最重要。钱就是一个很好的说明，虽说它不是人生最重要的，但缺钱时人们会为它付出生命代价。而人缺健康时，人们甚至又会为此花掉所有的钱。

人活着，其实还有很多重要的东西。在开放、包容的今天，人的生活观念是多元的。

小林在这家公司已经工作了四年，月底领完工资，写了一封辞职信，便到海南三亚去晒太阳了。他在信中有这样一段话：该上岸了，人又不是一条鱼，哪能一天到晚拼命地游？该修身养性了，人又不是机器，哪能只转不休息呢？

在报纸上看过一篇短文，作者记不清了。

人入中年，生命长成大树，枝枝蔓蔓，桠桠杈杈。

上有老人要照料，下有儿女要教养，工作必须认真完成，事业不敢半点懈怠，朋友要恪守信用，爱情得悉心浇灌……只觉忙，只觉累，只觉力不从心，疲于应付。

真忙不过来时，该砍去什么？医生说：健康的需要不能砍，愉快的需要不能砍，别的都可以修剪，可以删砍。

但现实生活中，许多人砍掉的，恰恰是这两根树枝。

童年小树上的这两根树枝，是被父母砍掉的，为了逼自己成材；中年大树上的两根树枝，是自己砍去的，为了种种责任；以至暮年老树的这两根枝杈上，再也发不出所希望的芽来。

有个人一天骑自行车回家，忽然见前面一辆出租车的后玻璃装饰得十分考究，那曼妙灵动的纹路，似花还似非花，一漾一漾的，让人的心也跟着摇荡起来。她快骑几下，试图看清那究竟是些什么图案。"嘎——"前面一个紧急刹车，她自行车的前轱辘差点顶住了那辆车的尾灯，吓得她惊叫一声，同时看清了那勾人眼波的所谓花纹，居然是车玻璃反射出的天上的云彩！

这人自嘲地笑着，索性跳下自行车，举头望天，全心全意地看起云来。

好白的云，好美的云，就在她的头顶上，悄然无声地上演着一幕多么精彩美妙的剧目啊！

她不禁问道："为什么我的步履总是那么匆匆？我的鞋子上蒙着一层细尘，我的眼睛无缘阅读洁白美丽的云朵。这双眼睛在追逐着什么？这颗心在遗忘着什么？如果不是这一方玻璃的提醒，我是不是就不再记得头上有一个可供心灵散步的青天？"

何塞·卢林贝格是巴西前农业部长，1988年荣获诺贝尔"特别奖"，是一个充满奇思妙想的经济学家，是"不幸福经济学"的创立者。一次，何塞从瑞士乘飞机回国。当飞机飞越大西洋时，他忽发奇想：如果这时候飞机坠毁，他将得到一笔赔偿金。然后，因为这笔赔偿金，瑞士的国民生产总值马上得到相应的攀升。再后来，瑞士的航空公司因此会再买进一架新的民航飞机，其国民生产总值将再一次得到攀升。然而这种经济的攀升却是建立在不幸的基础之上的，这就是"不幸福经济"。

关于"不幸福经济"，我们的身边是有很多的。比如，有两位母亲，每个人各自在家中抚养自己的孩子，因为是自己的孩子，所以尽心尽力，孩子们充分地享受到母爱和幸福，但国民经济不会因为母亲的劳动产生任何变化。如果这两位母亲来到劳动力市场，双双作为保姆彼此到对方家里照管对方的孩子，她们的劳动因此产生了经济效益，该国的国民生产总值也因此相应提高，但双方的孩子享受到的只是保姆的照看而不是母亲的抚养，更难说是母爱的幸福了。何塞因此告诉人们，在关注经济增长速度时，更应关注"不幸福"的增长速度。

当今时代，人们为了挣钱，为了追求更好的生活，疯狂地工作。可结果，生活失去平衡，工作的压力加大，甚至威胁到作为生产的主体的人的身体健康，一些人英年早逝。尽管我们社会的经济增长了，但人们的幸福感，却下降了。

·心得·

60岁之前，人生是用生命换一切，而到60岁之后，是用一切换生命。正负相抵，差不多是零。有人形象地评论生命的价值说："活鱼每斤5元，死鱼每斤3元；活虾每斤18元，死虾每斤14元。"

早在晋代，陶渊明"不为五斗米而折腰"。没有必要那么累的来生活。我们现在物质这么发达了，为什么工作之余不能"采菊东篱下，悠然见南山"呢？为什么不能躲开喧闹，避开繁华，寻一处"结庐在人境，而无车马喧"的田园去生活？

一个擦洗灵魂的故事

——森林的力量相当惊人

污浊的空气，
会让我们头晕眼花，
生活失色；
城市的噪声，
会让你不得安宁，
烦恼多多。
自然的力量相当惊人，
多亲近自然能让你除忧去烦。
周末的郊游能除内心的疲惫，
假日的旅游更让人心旷神怡。
大自然的甘露能洗涤心灵的尘土，
大自然的清风能吹醒麻木的神经，
大自然的灵丹能医治年久的顽疾……

这是一个真实的故事。我在杂志上看到的。

说是在法国南部马尔蒂夫的小镇上，生活着一父一子。儿子名叫希克力，早在他16岁那年，父亲不幸患上了一种罕见的肺病。许多医院都无良策，只是说：“如果病人能生活在空气新鲜的大森林里，改善呼吸环境，也许会有一点希望。”

问题是，希克力父亲的身体非常虚弱，无法忍受长途跋涉去有森林的地方生活。对此，希克力想出了一个让人们感到有点荒唐的做法：在自家门前种植一些树。他想，等这些树长大了，也许父亲的病就真的好起来了。

就算这个办法可行，但马尔蒂夫这个小镇缺乏水源，气候干燥，土壤贫瘠，怎么能把树种活呢？但希克力决心已定，为救父亲，再困难的事他也愿意做。

从此，希克力省吃俭用，周末还做些小工。攒了一些钱后，他就乘车到200多英里外去买树苗。卖树苗的老板杰斐逊得知希克力是为了拯救父亲的生命时，被深深地感动了，所卖树苗常常只收半价，有时还会送给他一些容易成活的树苗，并告诉他一些栽培知识。

希克力不顾人们的劝说，每天早晨，他起床后的第一年事就是去看看树苗有没有枯死，长高了多少。一年下来，他最初栽下的100多株树苗成活了43株。

到了高中毕业，他为了照顾父亲，主动放弃了上大学的机会。有人说希克力神经错乱，有人说他太迂腐，更没有人相信这些跟人差不多高的植物能够挽救一个连医生都治不好的病人。但希克力相信会发生奇迹的。

许多年过去了，希克力种的树苗越来越多，许多树苗已渐渐长高长粗。希克力经常搀扶着父亲去树林里散步，老人的脸上也渐渐红润起来，咳嗽比以前少多了，体质大为增强。

此时，再没有人讥笑希克力是疯子了，因为所有的居民都亲眼目睹了绿色树木的魔力。树林带来了新鲜的空气，引来了歌唱的小鸟，小镇变得越来越美丽了。

希克力种树拯救父亲生命的故事在巴黎国际电视台第六频道播出后，人们深受感动。

这之后，小镇的人也纷纷投入到种树的行动中，树林越来越多，面积扩大到数百公顷，放眼望去小镇四周都是绿色的屏障。

2004年，39岁的希克力被巴黎《时尚之都》杂志评为法国最健康、最孝顺的男人。令希克力欣喜万分的还不止这些，2005年年初，医学专家对希克力父亲再次诊治时发现，老人身上的肺部病灶已经不可思议地消失了，他的肺部如同正常人一样。

看来，只要心中有爱，无论在多么贫瘠的土壤里，都能长出最茁壮的树木。也许，在这个世界上，爱是最神奇的力量，有时它比任何先进的医疗手段都有效。

这是森林的力量，这是爱的力量，这是人与自然和谐带来的生命奇迹。

因此，我们一定要热爱自然，多亲近自然。

·心得·

人和大自然是一个统一的整体。科学家们指出，人体内的几十种元素和地壳几十种元素的平均含量是一致的；人体血液中几十种元素和海水几十种元素的平均含量也是一致的。

大自然好比扩大了的人，而人也好比浓缩了的大自然。难怪美国诗人兰德尔·贾雷尔说：“即使世界明天就要结束，我也要栽我的小苹果树。”世界著名环保人士珍·古德尔博士还号召人们“环保要从自我做起”。他在访问中国时说：“我们没有能力改变整个世界，但我们可以努力去改变一个人或一个地方，我想，这就够了。”

母爱真的无私吗

——及时孝爱你的父母

都说母爱是无私的，
都说母爱是不求回报的。
这样的观念，
深印在我们这些俗人的心底，
始终坚信无疑，
甚至还嫌母亲给的太少；
这样的想法，
让我们心安理得地接受母爱，
却不想着回报，
甚至长大的我们还嫌母亲太烦。
人都有七情六欲，
既需要去爱，也需要被爱。
只是要求会有所不同。
母亲给我们三千弱水般的爱，
其实只图一瓢饮的回报。

最近在网上看到一篇署名吉安写的文章《不是所有的母亲都无需回报》。

亲爱的孩子，今天你来跟我告别，说为了给男友庆祝生日，你要提前赶回学校去，给他挑选合适的礼物。我只不过是回了一句，你从来不记得给妈妈买生日礼物呢，你便生了气，说，为什么别人的妈妈都从来没主动向孩子索取过礼物呢？他们疼自己的孩子还来不及呢，哪像你一样，时时地抱怨？况且，爱情怎能拿来与亲情相比呢？

孩子，你或许现在还无法明白，一个母亲，如果不是心里真的有委屈，是不会抱怨给自己的孩子听的。她宁肯独自一人默默承受，也不愿给孩子的笑容里添上她自己品过的忧愁。或许妈妈真的像你说的那样，不如别人那么高尚无私。上天给了我母亲的称号，并不是要求我无时无刻地都要勇敢，坚强，伟大，奉献，无怨无悔。它还给了我每一个女人都有的脆弱，敏感，虚荣，甚至自私。所以你也无权要求妈妈无限制地为你付出，却没有你应该给予的回报。

每一个假期，你都是匆忙地来去。爱情，几乎成了你生活的全部内容。你对男友说过的每一句话，都要拿出来咀嚼几次，而后无端地自寻烦恼。你这样地敏感，怎么却忘了，你无意中说出的话，也同样让我心烦意乱？你可以逃课去看男友，陪他逛街，聊天，轧马路，你却从没有想过，短而又短的假期，你的母亲同样需要你的陪伴。你除了上网，与男友煲电话粥，走亲访友，又真正有多少时间是分给母亲的？你订了幽默短信，逗男友开心，但你却从没有想过，给时刻想念着你的母亲也发送一条，让她在无尽的担忧里能够稍稍地得到宽慰。

其实你小时候就已是个自私的孩子。你让母亲早起为你做饭，饭菜不合口味便拒绝去吃；放学后常常不说一声，便与别的同学跑去玩到天昏地暗，让妈妈在黑暗里大街小巷地哭喊着找你。你考试之前从来都是没心没肺地丢给我一句，说，这次怕是考不好，不要我对你抱太大的希望。可是孩子，你一味地要求母亲对你负责，那么，考出优秀的成绩，是不是你应该给予我的回报？你告诉男友，爱情需要彼此付出，那么，一辈子都无法割舍的亲情，难道不同样需要我们用心地呵护？

并不是妈妈嫉妒你对男友的痴狂和迷恋，毕竟，爱情亦是一种情感的体验和滋养。妈妈只是希望你能在对爱情的回报里，想起母亲曾经为你付出的22年的汗水和辛劳，想起你肯拿一生来回报男友给你的一年的爱情，那么，是否应该拿一年的关爱，给予永不会停止爱你的母亲？这样的索取，比起妈妈的付出，比例严重地失衡；但我仍然知足，即便你在母亲的生日，什么也不买，只是打个电话，让我听到你的祝福。即便你在假期游山玩水，却记得途中给母亲报声平安，让我不至于担心而半夜失眠。即便你对待学习漫不经心，但在讨要补考费的时候，知道对母亲说声抱歉。

这样的回报，我想许多的母亲都会需要。而敏感的我，只不过比她们记得清晰。我知道让一个孩子，记住母亲的每一点好，且知道一一地回报是太过于苛刻。只有当你自己也有了孩子，且要为他一次次的冷漠和无礼而流与汗水一样多的眼泪时，你才会真正地明白，母亲所要求的回报其实是多么地微不足道。而你，却为这样卑微的索取而觉得自己的母亲没有书中所写的那样无私和伟大；那么，亲爱的孩子，真正自私的那个人，又究竟是谁？

古人说：“不当家不知柴米贵，不养儿不知父母恩。”在大家眼中，母亲的爱是无私的，是伟大的，母亲的付出都无须回报。但是，事实并非如此。

这篇文章中，女儿只顾自己的忧愁，只顾自己与男友的情感，而对旁边寒暄问暖的母亲却不屑一顾，甚至还埋怨母亲的爱，为什么不能像别的母亲一样无私奉献又不要回报。

母爱真的那么无私吗？真的不求回报吗？一个母亲含辛茹苦地养育大了自己的孩子之后，真的不在意孩子是不是回报给自己一些温馨的爱吗？无论是物质上还是精神上的回报，真的一丝一毫都不在意吗？如果一个孩子从来不给自己的母亲买任何东西，从来不屑于给母亲哪怕一点点的爱，这个母亲真的就能宽宏大量不心碎吗？

答案是否定的。母亲并非都那么无私，相反，她们十分需要回报，只不过母亲所要的东西远远比自己付出的少得多。

二十世纪末的一首歌曲《常回家看看》，唱出了多少老人的心声，唱落了多少父母的泪花。“常回家看看，回家看看，哪怕帮妈妈刷刷筷子洗洗碗，老人不图儿女为家作多大贡献呀，一辈子不容易就图个团团圆圆；常回家看看，回家看看，哪怕给爸爸捶捶后背揉揉肩，老人不图儿女为家作多大贡献呀，一辈子总操心只奔个平平安安。”我们只要对父母一点点真诚的付出和关爱，她们就会很宽慰了。

现实生活中，很多年轻人把全部的心思都放在了恋人的身上，把恋人当成了世界，当成了生命的全部。应当承认，在感情上自然要对对方好，然而却为此冷落、怠慢自己的父母，难道这应该吗？生活中，很多恋人热一阵就分手了，最后为自己抚平伤口，最大包容自己的，还不是父母？

亲情与爱情，哪个更重要一些？也许这个问题有点难回答。忽然想到了一次广播里主持人说的话，他觉得亲情要持久一些，亲情往往比爱情更靠得住一些。

无论怎么说，人生的内容是丰富多彩的，情感也不是只有爱情。诗人裴多斐都说："生命诚可贵，爱情价更高。若为自由故，二者皆可抛。"可见，人生一世，爱情不是生活的全部。我们也不应该把爱情视为人生的全部，我们做子女的更不能错误地认为，母爱是不必回报的。其实这世上，付出的感情是最需要回报的，父母之爱，夫妻之爱，朋友之爱，无不如此。

·心得·

母爱无私？其实这本不应成为一个问题。母爱就是无私的。

但母亲也是人，即便是伟人，也并非就无欲。天下大多数父母都是平凡的，活着能没有七情六欲？

从我们这些为人子女的角度来说，岂能心安理得地坐享这份沉甸甸的无私？"丝丝白发儿女债"，奔波于爱情、友情和事业的我们，可曾留意过母亲鬓边的银丝，可曾发现母亲因此伤心落泪？

"子欲养而亲不待"，还是早点报答偿还不尽的无私吧！不要等到将来而悔恨。

心灵的图腾

——抽点时间与大自然亲密接触

有形的生活噪声，
会让你不得安宁；
无形的生活噪声，
会让你烦恼多多。
多一份心灵的宁静，
多一丝生命的本真，
我们才能体验生活的真味。
在纷繁复杂的人生中，
应该抽点时间，
为心灵找一片停留的绿洲，
应该像儿童一样融入自然；
不要像“成年人”一样有许多阅历，
反而失掉很多自然界的本性。

美国前总统小布什的夫人劳拉常常想起母亲和祖母的生活方式：他们热爱野外生活，而且都拥有美丽的花园。祖母的是假山花园，那里有许多墨西哥刺木和丝兰，这一切成了她最甜蜜的回忆。

儿时，劳拉跟家人住在德克萨斯州。祖母住在偏西的山岭、沙漠地带，劳拉和父母则呆在中部，那里有广袤的大平原。尽管中部被过度开发，所剩下的草坪不多，树也显得寥寥无几，但那里的地平线永远是那么的开阔，天空也是那么深邃、迷人。

劳拉很难忘童年时代，在夏夜和母亲一起看星空的情景。那时候，她们喜欢拿条毯子铺在草坪上，随意躺下，仰望星空。

劳拉家所在中部的小镇，由于整个地貌都是裸露的，任何光亮都能清晰地看到，而且加上是沙漠，不可能有雾气缭绕，天空真是纯净极了，星星近得伸手可触。母亲还给女儿讲了许多星座的故事。

但大多数时候，她们只是单纯地望着天空，谈一些事情，比如她们将来可能会遇到什么事情。在这些谈话中，劳拉最记忆犹新的是祖母和母亲对她的爱，她们对野外生活的热爱，那些壮观的自然景象，和在谈论中日渐清晰的未来。长大以后，劳拉了解到更多更雄奇壮观的景象，但她依然迷恋中部小镇的星空。

母亲对自然的兴趣不单是星空。六年级的时候，劳拉和一群女孩一起观察鸟类。母亲当她们的老师，并给每人一个观鸟的徽章。对她们来说，只不过是要掌握一些关于鸟类的基本知识，而在母亲那里，观鸟却成了一种爱好。

在母亲的影响下，劳拉最终也养成了观鸟的习惯，经常跑到户外去。事实上，在对鸟的观察中，她也逐渐了解社会、周围的人群。记得有一年，母亲在后院发现一只长相特别的画眉。这种鸟在中部极为罕见，可能它是被北方的寒风给吹过来的吧！当它呆在母亲后院的那段时间里，有不少中部的鸟类爱好者前来参观。地质学者、镇上运营油田的科学家，会在午餐时间带着盒饭前来赏鸟，他们总是坐在厨房的餐台上，安静地等着画眉的到来。当然，大多数时候画眉都会“爽约”，但一旦它肯出现，每个人都会跳起来，互相拥抱，为自己的阅鸟册里又添了一笔而感到欣喜若狂。那个时候，父亲总是跟女儿说：“你知道吧！爱鸟的人都是一些好人。”

“今天，即使生活再繁忙，我仍然热爱野外生活，因为它们会使生活变得更加有意义。”劳拉觉得散步是最好的休闲方式，也是一生中最愉悦的事。每当她因一些不开心的事而感觉悲哀疲倦时，她就会去静心散心，这总能使她好转。当劳拉在德州政府大厦就职时，她每天都会沿着科罗拉多的美丽河岸散一会儿步。当住进白宫时，她可能挤不出这样的时间来，但当她和总统到了露营地和农场时，他们还是会尽兴散步。

不管劳拉现在是怎样的人，但她有一点从未改变，那就是开车去看中部的星空，在那里和母亲一起欣赏美景。劳拉也试着把这种类似宗教似的情结传给她的女儿们。记得有一次：女儿大概才4岁，她们在缅因州消夏。在最后一晚，天空美妙极了，天空下面，是松绿色的大海。海平线上，太阳缓缓下沉，有一丝粉红渐渐隐退，而她们只听见海浪轻拍海岸的声音。

“快看星空！”劳拉对女儿说。这时，母亲多年前对她说过的话在她耳边回响：“看那星空，记住它的模样，因为你永远也不能看见和今夜一样的星空。”

·心得·

当今时代，许多人都向往大城市灯红酒绿的生活。如今，我虽然生活在都市里，但那看花开花落云卷云舒的庭院，那绿水青山的优美画卷，依然尘封在记忆深处。

无言的感动胜过有情的表达。感谢自然纯美得如田园诗的故事把记忆的画卷展开，又让我的心灵置于大自然的怀抱，让我的思想仿佛回到了过去，回到了那远离尘嚣、静谧而又祥和的大自然。在我家的那个院子里，聆听夜色掩映中玫瑰划动空气的声音，感受水与月光缠绵，我能跟那些从远古走来的星星对话，依稀看到了牛郎织女在天上游玩。我沉浸在那弥漫在夜色里的花草的气息中……

哦，这一切的一切，悄无声息地笼罩着我的心灵。

自由的天堂——不要为金笼而迷失了自我

文学家欧阳修在《画眉鸟》中写道：

“百啭千声随意移，
山花红紫树高低。
始知锁向金笼听，
不及林间自在啼。”

诗人汪国真在《死去的生》中写道：

“再精致的鸟笼，
也是鸟笼，
笼中鸟的生活，
简直是一种死去的生，
伤肝伤肺怎比得了伤心，
肌痛肤痛怎比得了心痛，
那样一种悠闲，
仿佛是流亡的总统，
看似轻松实是沉重，
没完没了的辛酸，
常常是袭上心头的内容。”

“始知锁向金笼听，不及林间自在啼。”说的是画眉鸟置身于两种环境中的生存状态。山林间，自由跳跃，随意鸣啭。在山林间，它的生命是本真的，它展示生命的方式是自在的。它和山林融为一体，花草树木仿佛就是它生命的一部分，它的生命在这里完全敞开，随心之所欲，婉转啼鸣，丰富多腔。

金笼里，行动限制，啼鸣单一。在金笼里，它的生命受到束缚。它离开了给于它生命的那个环境，它的生命也就失去了本真。

广慧对此深有体会。因为她养过一只乌龟，准确地说是帮朋友养。按说，她是不喜欢乌龟的，看它又丑又笨又胆小，但朋友说要出国，实在没办法，她至少帮朋友养着。

回到家里，广慧把小乌龟放在地板上。也许是陌生，抑或是刚被放出来还不适应，胆怯的它缩着头，趴在地上一动不动。广慧安慰它说：“小家伙，别害怕，以后这就是你的家了。”

它还是没反应，过了很久，才小心翼翼地伸出小脑袋，向四周望了望，撑起身子，挪动四肢，一步一步地爬到墙角，就不再动了。看着它，广慧突然有了一份怜爱之心，因为从此以后，他们将朝夕相处。

遵从朋友的嘱咐，广慧每隔两天就用温水给它清洗一下，好让它排泄。小乌龟食量小，通常一片菜叶就能吃好几天，而且不大爱动，经常呆在角落里，经常让人感觉不到它的存在。

但一有时间，广慧就逗它玩，跟它说话。就这样，小乌龟跟她熟了起来，胆子也似乎变大了，有时甚至从角落里爬出，像个小巡逻员，四下张望一会儿，又慢慢爬向另一个角落。

就这样过了很长一段时间，到了“十一”国庆，有朋友邀广慧出去旅游。她不知该如何安置小乌龟，托朋友照料，心里又不放心；带着它一同出去，又不方便，最后还是就让它“看家”。临走时，广慧在盒子里放了几片菜叶，又加了一点水，保持菜叶的鲜嫩。然后，随手带上门，可门没关紧，门缝之间有一道空隙。广慧并没在意，更没想到这竟然与小乌龟的命运连在一起。

旅游结束归来，广慧顾不上劳累就去看小乌龟，可连个龟影子也没有，急得她把厨房、客厅、房间和阳台都找遍了，仍没发现。折腾了三十多分钟，又加上旅途的劳累，她竟然倒在沙发上睡着了，一觉醒来，竟发现地上有一团脏兮兮的东西，仔细一瞧，竟是小乌龟，真是让人又气又喜，抓起它就责怪说：没想到人不在，你就变得淘气起来，不好好儿呆着，到处乱跑。说着，她回到卫生间，用温水冲掉了它身上的灰尘，又给它拿来几片菜叶。这小家伙也饿极了，便咯吱咯吱地大吃起来。

后来的几天，这小家伙的生活方式变了很多，再也不像先前，老趴在一个角落，它竟一会儿到厨房，一会儿到客厅，一会儿又到阳台。广慧的阳台，向下望去，有一个水池，水池旁边有很多花木。每天清晨，广慧第一个要去的地方就是阳台，呼吸一下水池花木送来的新鲜空气。阳台是她很爱去的地方，而现在小乌龟也是。广慧有点担心，生怕不小心踩着它，只好把它抱回房间，可过了一阵子，它又像个撵路的孩子，来到阳台。后来，她干脆把它关了起来。可这小家伙，伸长了脖子，用小眼睛看着它的主人，眼里充满着祈求。广慧又有点心软，又开了门，把自由还给它。

国庆一过，天气一天比一天凉。转眼到了11月下旬，全国突然大幅降温，北方更是降得厉害，阳台下面的水池都结了厚厚一层冰。一天早上，广慧有事出去，回来时见阳台上的门没关好，心想：糟了。于是，匆匆上楼，迅速跑向阳台，发现小乌龟竟然冻得像块坚硬的石头，一动不动地缩在阳台里面的角落。她把它抱回房间放在暖气下面。遗憾的是，小乌龟再也没有醒来。

广慧抱起僵硬的小乌龟，注视着它那紧闭的双眼和已经停止呼吸的鼻孔，一点都不相信，它已经死了。小乌龟表情平静，看不出丝毫的痛苦。她却感到深深的悔恨。按理说，乌龟的生命比人还长，可它却早早地死了。

后来，广慧把这件事告诉了那个朋友。朋友想了一下，意味深长地说："你知道它为什么爱去阳台吗？阳台，是离大自然最近的地方啊！"一刹那，广慧流泪了。乌龟是为了自己向往的生活而死的。

跟画眉鸟生活的"金笼"一样，乌龟生活的温室就是它的"金笼"。在外人看来，也许温室是优越的环境，在这样的环境里应该幸福才是；让乌龟住在"金笼"里的广慧，也认为它是幸福的、幸运的。

直到现在，广慧才若有所悟。

这个故事也让我心有所感。人从小到大，我们是不是也是一个不断被锁进金笼的过程呢？这金笼是车房、金钱、名誉、地位。这金笼，像围城——外面的人想进去，里面的人想出来。金笼让人们失去了生命的本真。人在金笼里迷失了自我。

·心得·

广慧养的这只小乌龟，也许是一只来自大海的海龟。曾经，生活在大海里，拥有生命中最宝贵的财富——自由。但它被人养起来玩时，依然向往自然，渴望自由。

阳台对于乌龟来说，就是一个自由的天堂，但是它却不知道，这个天堂是有危险的，危险到把它带到了另一个世界。它追求自由，为自由拼搏、战斗，虽然它付出了生命的代价，但其战斗精神和追求，是相当感人的。

心轻上天堂

——简单，让心最轻

假如清洗披挂着铜锈的思想，
假如在朗空清风中晾干哀伤的往事，
假如在阳光下把七巧玲珑的心变得剔透晶莹，
那你便拥有一个放松的心情，
过上简单纯净的日子，
不被虚无的精神家园折磨。
记住一位哲人的忠告：
吃着五谷杂粮，释放七情六欲；
工作学习，尽心努力；
恋爱交友，以情换情；
享受简单轻松，现在就出发。

长大后的我，有这么一段时间，心情很不宁静，难于排解。问题就是别人怎么那么有钱，上学都可以坐飞机，工作以后可以携着娇妻或漂亮的女友，“地对空”、“空对地”式地周游美好的世界。而我回家，连买张火车票都要在寒风中排长队。

父亲从小就告诉我要有远大的志向，可是我怎么如此不争气？读书不能考上哈佛到美国留学，也应当上北大清华，可我才上一个很普通的大学。工作几年，口口声声说创业，钱也花了，每天早起晚归地拼命，结果失败了。

• 爸爸讲的故事

小时候，爸爸就跟我讲过这么一个故事。说许多年前，有位贫穷的牧羊人带着两个年幼的儿子以替别人放羊来维持生计。一天，他们赶着羊来到一个山坡。这时，一群大雁鸣叫着从他们的头顶飞过，并很快消失在天边白云深处。

牧羊人的小儿子问父亲：“大雁往哪里飞？”

父亲回答说：“它们要去一个温暖的地方，在那里安家，度过寒冷的冬天。”

大儿子眨着眼睛羡慕地说：“要是我们也能像大雁一样飞起来就好了。”

小儿子也拍着小手说：“做个会飞的大雁多好啊！”

牧羊人沉默了一会儿，对两个儿子说：“只要你们想，你们也能飞起来。”

两个儿子挥动双臂试了试，并没有飞起来，他们用怀疑的目光盯着父亲。

牧羊人说：“让我飞给你们看。”

于是，他飞了几下，也没有飞起来。牧羊人肯定地说：“我是因为年纪大了才飞不起来，你们还小，只要不断努力，就一定能飞起来，到任何想去的地方。”

父亲的话使两个儿子产生了飞起来的梦想，并坚持不懈地努力。一天，牧羊人带回一个小玩具，有橡皮筋作动力，使它飞向空中。两个儿子觉得很好玩，照着仿制了几个，都能成功地飞起来。他们因此兴致倍增，并引发了制造飞机的想法。长大后，经过不断地努力和反复试验，世界第一架飞机诞生了。

他们就是美国的莱特兄弟。

我那时候还小，觉得这像是一个美丽的童话，自己也幻想着能开飞机，飞在天上看那星星和月亮公主约会，看那白云在和风对话……

· 从小就有飞天的理想

母亲虽然也想飞到天上，但是跟父亲的想法截然不同。记得很小的时候，她在田里干活时就说：“人要是一只麻雀就好了，可以飞上蓝天，想去哪里就去哪里。”而父亲则嘲笑她：“太没志气了，怎么就甘当一只鸟雀呢？要做也得做鸿鹄！”母亲说：“看你还不是农民，我觉得能是麻雀就行，还管什么鸟？”爸爸嘴一撇：“燕雀焉知鸿鹄之志！”那时候我实在太小了，也不知道什么是鸿鹄之志。

父亲幼年也有鸿鹄飞天之志，只是因为出身不好，那个“以阶级斗争为纲”的时代已把他的锋芒磨钝了。

后来我上学了，我从小学语文课本读到，每年秋天，成群的大雁不仅都要往南飞，而且它们在天空中，一会儿排成个“人”字，一会儿排成个“一”字。我觉得大雁的飞行方式很美，便常在田野上用眼搜寻它们，想看一下雁群展翅齐飞的姿态。然而，我并未见着。如今想来，也许是大雁飞得过高？或者是家乡的人并未把大雁叫大雁？总之，我脑海中并无大雁的痕迹。

再后来，我学了杜甫的《绝句》：

两个黄鹂鸣翠柳，一行白鹭上青天。
窗含西岭千秋雪，门泊东吴万里船。

听老师说，这首即景诗是杜甫《绝句四首》的第三首，是唐代宗广德二年（公元764年）杜甫携妻小重返成都时所作。诗中描写了浣花溪周围的优美景色，表现了诗人对春天的赞美和对生活的热爱。对于这首诗，我最喜欢的是前两句，写得实在太美了，而“一行白鹭上青天”的情景最美。

记得当年故乡的春夏，我常于抚仙湖边晨读，在那玫瑰色的阳光中，不时看到许多白鹭飞上蓝天。它们就像梦中的大雁一样，我更加喜欢白鹭了。

我又想起想变成小鸟的母亲，整日在田间劳作。自我有记忆，就知道家里很穷，但母亲说：“平民百姓，耕田种地，除了享受丰收的欢乐或歉收的忧愁，还有多少时间奢求其他呢？”可渐渐地，我为一个分数繁忙着，为了上一个好的学校苦恼着。再后来，我走向社会，为事业、为小家的幸福累得找不到方向。

• 原来鸟是这样飞上蓝天的

但我的生活始终无法飞起来，哪怕是保持零高度飞行。但在梦里，我常变成白鹭、变成白天鹅去飞翔，贴着蔚蓝的天，拥着无暇的云。可梦醒十分时，我常问，鸟儿为什么能飞上蓝天？我为什么不能？当然，并非所有的鸟儿都能飞上蓝天，像驼鸟、企鹅等由于身体太重，它们已经飞不上蓝天了。原来，能飞上蓝天的鸟，其中的一个重大的秘密就是它们的身心很轻。那我们人的心要是变得很轻，是不是也会发生奇迹呢？

最近看了著名作家毕淑敏写的一篇《心轻上天堂》的文章，说埃及国家博物馆珍藏着一件奇怪的展品。这是一只用精美白玉雕刻的匣子，大小和我们常用的抽屉差不多，匣内被十字形玉栅栏隔成四个小格子，非常明亮洁净。据说，在法老的木乃伊旁发现它时，内部空空如也。但从所放位置来看，匣子是很重要的，里面一定装有东西，但它是盛放什么东西用的？

长期以来，这都是一个谜，考古学家们也百思不得其解。后来，有人在埃及中部卢克索帝王谷的卡尔维斯女王墓室中，发现了一幅壁画，才解开了玉匣之谜。

壁画上有一名威严的男子，正在操作一架巨型天平。天平的一端是砝码，另一端是一颗完整的心。这颗心就是从玉匣中取出来的。关于这件事，有这样一个传说：古埃及有一位快乐女神，不仅长得非常美丽，而且地位至高无上。快乐女神的丈夫是一位明察秋毫的法官。当一个人死后，快乐女神的丈夫都要把死者的心拿去用天平称量一下，假如很轻，就表明这个人生前是知足常乐的，那女神的丈夫就会让这颗心长出羽毛，并引导它的灵魂飞往天堂；假如那颗心很重，就表明这个人生前是无比贪婪的，那女神的丈夫就判他下地狱，永远都见不到青天。

自从知道了这个传说，我常常想，自己的心是轻还是重？年幼时的心一定很轻灵，像羽毛般飞舞，像童话般干净，不着纤尘。那时的笑都很真，不需伪装，阳光洒落心底每一处，没有负累，没有忧伤，我的心已经变成了安徒生笔下的白天鹅。

毕淑敏说，不要希图来世的天堂，只期待今生今世此时此刻，朝着愉悦和幸福的方向前进。天堂不是目的地，只是一个让我们感到快乐自信的地方。

其实，我没有想过死后能不能去所谓的天堂，只期待今生今世能朝着幸福快乐的方向前进。我之所没有做到，原来是因为我们没有从一张白纸开始自己的心灵健康之旅，而是背负着沉重的心灵负荷在行进。

如果一个人可以如孩童般，随时甩掉背负于心灵的包袱，轻装前行，快乐就会在你身边。每天就可以微笑着对镜中的自已说：原来获得快乐可以是这样的简单。

你也一样，只要活在当下，少一些烦恼和忧愁，就能让自己成为一个简单而快乐的人；用一颗善良的心，去拥抱这个世界，远离邪恶，你就是一个心轻得可以飞上天的人。

·心得·

我很喜欢埃及这个古老的传说，但我真的相信，心轻的人能上天堂。有一个精彩的谚语是这样说的："天使会飞是因为他们举重若轻。"因此，我们要把功名利禄看淡一点，不要有任何思想包袱，只要背起简单的行囊，"跟我走吧，天亮就出发！"

圣经上说，头脑简单的人是多么幸福；孔子说，一箪食，一瓢饮，在陋巷，人不堪其忧，回也不改其乐；唐寅说，闲来写就青山卖，不使人间造孽钱；作家克雷洛夫说，贪心的人想把什么都弄到手，结果什么都失掉了；普希金在《奥涅金的旅行》中说，我现在的理想是有位女主人，我的愿望是安静，再加一锅菜汤，锅大就行……

感动大学者的一个小故事

——幸福就是这样环环相扣

世界上的万物是相互联系的，
生命的整体也是相互依存的，
你使它快乐，它也会使你快乐。
让一朵鲜花快乐就别随意折毁它，
它定会在你烦恼时送一束醉人的温馨；
让一棵小草快乐就别随意践踏它，
它定会在你满眼枯黄时送来一抹跳动的鲜绿；
让一条小溪快乐就别把污秽随意扔向它，
它定会在你口渴时送来一捧甜蜜的甘露；
让一块土地快乐就别随意侵占它，
它定会在你饥饿时献上一缕稻麦的清香；
让一只小鸟快乐就别残忍地赶尽杀绝它，
它定会在阳光映透窗棂时奏响一段美妙的旋律；
让一缕空气快乐就别把呛人的浓烟随意投向它，
它定会为你送来一股清新宜人的晨风；
让一处山水快乐就别把怨气随意发泄到它身上，
它定会在你烦躁出门时送来一道宜人的风景。

有这么一个故事，据说还感动过大学者钱钟书夫妇。

故事说的是一位中年学者，在一个早春寒冷的日子救起了一只受伤的麻雀。从此，这只麻雀就成为他形影不离的最亲密的伙伴，每天陪着他读书、写作、散步、睡觉……他的好几本大部头著作都是为这只小鸟而写——因为他发现小鸟最喜欢藏在他握笔的空拳内，随着他簌簌抖动的笔杆在拳窝里眯觉，他为此常常乐得写作终夜。

后来，他们换了新房、置了新的家电，因为冰箱启动的电流声惊吓了麻雀，它哧溜一下就蹿出窗户，飞跑了，一连几天，不见踪迹！

这段时间，他也茶饭不思，失了魂似的天天站在阳台上，呼唤那只连名字都没有的麻雀归来。朋友们都以为他疯了。结果，皇天不负有心人，痴人有福，两天后的一个傍晚，他还是那样茫然地伸手向空中呼唤着，那小鸟忽然自天而降，在他脑门上点了一下，翩然降落在他的掌窝里——弦动钟鸣，一家人欢天喜地。从此门窗严闭，小鸟更成了掌上明珠，娇宠着、呵护着。

惦记着上次的教训，他先把小鸟安顿在这边屋里，赶紧掩上门，准备开始劳作。万没想到，小麻雀根本不乐意自己呆在屋里，他刚转身，就紧随而来，可正是这么一个“赶紧掩门”的刹那，他自己竟然就把飞临到门框边的小鸟活活轧死了！看见麻雀滴血坠地的那一刻，他痛彻心扉，几乎要在鸟尸面前昏厥过去！他为此大病一场，久日卧床不起，决定要把冰冻在冰箱里的小鸟遗体制作成永久保存的标本。

可当时正值“文革”后期，兵荒马乱的，上哪里可以去制作这个“永久标本”？据说就是钱钟书夫妇亲自帮的忙，他和妻子找到了半瘫痪状态的北京自然博物馆。博物馆的专业人员一听说这个劳师动众的任务，都以为标本活体是只什么名贵种属的金鸟银鸟，一听说只是一只无名小麻雀，他们拒绝了。

此事后来又经过许多周折，若干年后，有人在他的书房架子上跟那只闻名遐迩的小鸟见过一面——那是用福尔马林泡在实验试瓶里的一个比拇指头略大的小小身影。据说他已立下遗嘱，这个小身影将会在他终老后，随同他一起火化归葬，人鸟一同羽化升天……

面对这个故事，我想，世界得以界定、存活的自然生物链条，其实就是这样环环相扣、物物相依的。

·心得·

这故事让我想起一位同学。他小时候，家人将自家养的一只小母鸡准备下锅，在他苦苦哀求下，小鸡成了他的宠物。他每天放学后便带着它在小区散步。夕阳中，小鸡舞着翅膀刨着金色的沙子，他蹲在旁边“嘿嘿”直笑。后来他母亲为给他补身体，趁他出门时宰了鸡。他回来后愣了，对着热气腾腾的鸡汤直掉泪。从此以后，他再也没尝过鸡味。

我还听过这样一个报道。那是几年前，温布尔登网球公开赛中，一只小鸟突然飞进正在进行激烈比赛的赛场。非常不凑巧，简直就像是一滴雨水正好掉进瓶子里一样，飞速运动的网球正好打在小鸟的身上，小鸟当场落地身亡。击中小鸟的那位运动员（可惜我不知道他的名字），立即中止了比赛，走到小鸟跟前，当着众多观众的面，毫不犹豫地跪倒在那只小鸟的前面为自己的这一过失虔诚忏悔。

后 记

[向天而飞]

层峦叠嶂的太行山，一群盲人互相搭着肩膀，蹒跚而行。行走，演唱，行走……时间不是以年月计的，而是几乎一个世纪。这该是怎样的一种生存！

这是讲述太行盲艺人故事的一本书——《向天而歌》封面上的几句话。然而，就是这么简简单单的几句话，却深深地打动了我。

老实说，对音乐艺术，我是外行，只是知道晋人师旷也是一位盲人，据说，他鼓琴能感通神明。另外，我也不谙悉地理，只是初中时学过《愚公移山》，知道中国有这么一座古老的大山，即太行山，自河北的西部、山西的东部，一直绵延到河南。

因此，对于盲艺人穿行大山的生活，我真是无法想象，视觉正常的人在平坦的道路上行走都难免会有失足时，而生活在太行的他们不知要付出多大的勇气和艰辛！

我想，盲艺人们肯定也痛苦过，无奈过。可书中说，他们在无奈之余，过着自得其乐的生活。是的，就在太行山上，他们挺直身躯，伫立山巅，向天高歌……

虽身残，但有其志；虽清贫，但也充实；虽平淡，但不平庸；虽“无为”，但绝无愧。这就是太行盲艺人。对于他们所唱的歌，我想起冯梦龙在《叙山歌》中说的话：（世间）“但有假诗文，无假山歌。则以山歌不与诗文争名，故不屑假。”

盲艺人唱的是自己的山歌，他们的歌唱出了生命的本真，他们即便是当众演出，也只是面对着自己的看不见，无法与观众交流，无法眉目传情，因此，他们没有职业演员和歌手的毛病，没有丝毫的矫揉造作，甚至也不会在意人们是否喜欢。他们只是向着天空，释放自己，歌唱生活。真正懂得盲艺人的人，“会觉得他们完全是用心在唱，用灵魂在唱，用整个生命在唱”！

写到这里时，我想到了中国著名的民族音乐《二泉映月》（这是“瞎子阿炳”华彦钧创作的二胡名曲），更是引来灵魂的阵阵不安。

也许有人会问，为什么写这么一篇后记要用如此多的笔墨去讲述这么一件事情呢？因为太行盲艺人让我更进一步体验到生命的珍贵、活着的价值。虽然这些人失明了，但他们却高贵地活着。

然而，看得见世界的你，甚至还未发生不幸的你，懂得生命的珍贵吗？美国的盲人教育家海伦·凯勒已经为世人作出了光辉的榜样，现在，你是否在增加自己灵魂的高度？你是否感叹自己是一只丑小鸭，而不知命运是一只沦落在鸡窝里的天鹅？

可长时间以来，我很自卑，曾经用“鸭”眼看世界。出生在“高原明珠”抚仙湖畔的我，就是一只丑小鸭。也许家里贫穷并不是最左右我成长的原因。一辈子也忘不了的是，年幼时的我或许是病得太早太多——出生几天后就洗胃，没过两天，父母就得背着我走二三十里的路去找大夫看病。我记得，自己四岁还不会说话，五岁只会讲几句并不清楚的咿呀，六岁多才勉强会说话，七岁时掉进沟里差点被淹死，八岁时又差点被村子里挣脱缰绳而四处奔跑的毛驴踩死，九岁时才上小学一年级（那时没有幼儿园），而且一年级还留了级；上五年级时，别人误以为我会游泳，把我推入深水里，幸而被人救起；上初一以后，我这只“丑旱鸭”努力学会了游泳……

一直以来，村里人都认为我不是傻瓜，就是弱智。有可恶的人曾用荨麻把我弄得直哭。一直以来，父母以为我迟早会出问题，后来又超生了小我十二岁的弟弟，结果更加重了生活的负担。

记得上五年级时，稚嫩的肩膀上承着重重柴火的我，行走在高高的山崖上，而同龄的许多孩子是不用去山里打柴的，我的打柴生涯直到“高四”的最后一个学期才结束。那时候，攀爬着那陡峭的山壁，沟沟壑壑在眼前由近及远，漫入天际，而人似乎渺小得可以忽略不计。一步一步走在那个名叫“三转弯”的地方，我就感叹，自己这只丑小鸭也许还不如一只变不成凤凰的麻雀，无论如何它还能飞一下，而自己更别说成为什么美丽的白天鹅了。

但梦里，我总是梦到自己变成一只白天鹅，展翅于蓝天下。还有上中学时，历史老师说过这样一段在今人看来很普通的话，当时却刺激了我：“性格是命运的一半，但性格是可以改变的。将来你们要是考上了大学，都是你自己的努力，而不是我的功劳，因此，你们也别指望我教得多好。”

我知道自己是个很内向的人，说话声音常常是低低的，低得只有自己才听得到。那时，我从来不会和老师交流，遇到问题也不会问老师，只会用“鸭”眼向这个美丽的世界行注目礼。但我很想改变自己，让自己这滴水不要在集体之外被过早地蒸发。在高考填报志愿时，我并没有深思熟虑，就报了一个与自己性格一点也不符合的专业——公共关系与文秘。幸运的是，我总算考上了。但父母了解到，男生，尤其是像我这种性格内向的男生，学这样的专业，工作不好找。毕业那年，残酷的现实证明了人们的预言是对的，但我害怕和许多大学生一起失业。无奈，我选择了一个冷门——去煤炭系统就业。

刚到那家单位时，我也热情洋溢、友好地对待身边的每个人，他们确实也热情地接纳了我，但我对这个单位真有点难以接受，因为在市场经济下，它仍保留旧体制计划经济下的“大而全”的管理模式，而且在这么一个地方工作几乎就要呆一辈子。我那几天晚上睡不着觉，始终在想：难道要安于现状？难道要做这里的大多数？有人说，毕业那天我们一起失业，但为什么就不能换做“毕业那天我们一起就业”？甚至是“毕业那天我们一起创业”！据说，最早的时候，鸭子本会飞，但它对寄人篱下的生活自我满足，越吃越胖，而且不再练习飞翔，结果成了家禽，飞不上蓝天了。

我又想到了《红楼梦》中的薛宝钗。对于她，我最欣赏的就是她是一个“有志青年”，她曾在《临江仙》中抒发了自己的不凡之志：

白玉堂前春解舞，东风卷得均匀。
蜂围蝶阵乱纷纷：几曾随逝水？
岂必委芳尘？

万缕千丝终不改，任她随聚随分。
韶华休笑本无根：好风凭借力，
送我上青云。

这首词的意思是这样的：白玉堂（富丽的厅堂，此处暗指贾府）前的春光懂得柳絮飞扬的志向，让春风把它吹得翩翩起舞。成群结队的蜂蝶飞来飞去，使得春天更加繁华与美丽。面对这大好春光，我（指宝钗）不禁问：柳絮啊，你可曾随着春水流逝？但现在，何必飘落在散发着清香的尘土上？千丝万缕地相连着，自始至终也没有改变，柳絮到处飘着，不管是相聚还是分离。美好的春光啊，不要笑我原本就没有根，请让春风吹得更猛烈一点吧，让它赋予我力量，并把我送到九天云层。

也许我们历来都讥讽宝钗是个野心家，最后还不是像无根的柳絮飘落泥尘一样，被宝玉抛弃。但是她不甘寄人篱下，并有着自己的理想与追求，这是值得赞佩的。尽管她没能像元春一样，被选进宫中，成为贵妃，但也是一代脂粉英雄。其实，这就好比今天，一个人没获得成功一样，只要他为实现自己的理想努力了，我们就不应笑话他。我们喜欢曹操《观苍海》的豪情，他“歌以咏志”；欣赏他煮酒论英雄的潇洒举止，他指着天上的龙状云柱，对刘备说，自己像矫健的苍龙，有包藏宇宙之机，吞吐天地之志。可他赤壁惨败，最终也无一统天下，但他的大志大勇是为今人所称颂的。

是的，人贵有志，即使真的就是一只丑小鸭，只要有着成为白天鹅飞上蓝天的志向，只要为此努力了，就是好样的。因此，我们首先应明确志向，有位成功人说：过去不等于未来。人生最重要的不是你从哪里来，而是你要到哪里去。

中国台湾作家林清玄出身于农民家庭，他的父亲只求儿子能像他一样长得结结实实，靠自己的双手在田里刨食养活自己，并且还有能力把这么一家老小养活，就是人间奇迹了。

可有一天和父亲在地里干活，林清玄见一架飞机从头顶飞过时，竟说自己长大了要坐飞机到台北去。父亲一听却一巴掌打在他的屁股上说：“孩子，别做梦！老老实实地低头干活吧。坐飞机到台北这事，我保证你这一辈子都不可能办到。”

后来林清玄长大了，喜欢上了读书，而且又不断地坚持写作，终于成了著名作家。他不仅能坐飞机到台北，而且能够到世界任何一个地方。

著名作家蒋子龙上中学时语文成绩并不好，尤其是作文，在全班是最差的，但他说自己的理想是将来当一名作家。语文老师听了，生气地说，全班除了蒋子龙以外，所有同学都有可能成为作家。结果十几年过去了，蒋子龙成了作家，而别的同学都没有成为作家。

“过去不等于未来”的理念，要求人们用前进的眼光看待自己；看待成功。因此，卑微者也应当敢想，应当知道，只要当下的选择与作为才能决定一个人的未来。

想到此，我便一挥清风之袖，捏着600块钱，破釜沉舟般地来到北京，寻找自己的天地。也许当今的职业竞争是非常激烈而又残酷的，但我会记住一位朋友在送我的一本书《假如给我三天光明》上写的话：

在飘飘摇摇，
　　起起伏伏的命运里，
只要你信念的灯燃亮着，
　　你就一定能抵达你
期望的驿站，
　　你就能梦想成真！

如今，每当发生不幸而意志消沉时，我就会去看这用蓝色墨水写成的赠言，就会想：海伦·凯勒的内心永远都亮着一双无比健康、有神的眼睛……那时，我就觉得自己好像一瓶正在禅坐的墨水，被夏日午后的骤雨冲倒，于是，我内心顿时像澎湃激昂的蓝色多瑙河……

诚然，丑小鸭的人生之路注定不平坦，但为什么不能像“笨小孩”刘德华学习？学习他的勤奋和努力。为什么不能向林清玄和蒋子龙学习？学习他们卑者敢想。又想起毛阿敏演唱的那首歌：“投入地爱一次，忘了自己；伸出你的手，别有顾虑；敞开你的心，别再犹豫。投入蓝天，你就是白云……”

是的，在为美好人生奋斗的我，连自己的生日都给忘了，还是朋友发来生日祝福的短信，我才猛然想起。我记得这位朋友也是个非常努力的人，去年考北京师范大学研究生差几分，今年仍在为考研而苦战。于是我给他回了一条短信，就当与他相互勉励吧：

也许是沉于心中向天而飞的梦，希冀握住那片驰骋的青云，竟把自己的生日遗忘在心灵深处。在这个有一丝寒意的初冬，假如不能给你一把温暖的炭火，那就焚一柱心香的温馨给你吧——一分一秒地走过生命的每一个刻度，当汗水在光下一点一滴风化以后，你就度过了考研路上的最后一个冬天。我想，到那时，你就是一个被春天记住的人。

这位朋友也马上给我回了短信：“很棒，我记下了。”我当时感到很欣慰，也许努力了未必会成功，每只丑小鸭未必能变成白天鹅潇洒地飞上蓝天。但地上的这只丑小鸭的那颗心，始终是向着那片蔚蓝的。这就好比太行山的那些盲艺人，他们的歌声未必讨人喜欢，未必赢得别人的喝彩，但他们始终向着蓝天，“用心在唱，用灵魂在唱，用整个生命在唱”！

真的，每个人都一样，只要你真的努力过了，那沉浸在其里的汗水，一定会化为你生命中的钻石。

大学毕业后，我也是白手起家。而此刻，我用心所写的这本书，是为你，也是为我，确切地说，是为所有“有心”人而写的。应当承认，本书也定然有不足之处。中国有句话说，教诲别人的，不一定就是圣人。是的，谈论成功的，不一定都是成功人士；爱唱歌的，不一定都是歌唱家。世界上的事，只有“不一定”是一定的，而一定的往往是不一定的。我也更谈不上是师，其实只是在书中谈了谈自己粗陋的心得，希望能与读者朋友们共勉。